雑草を攻略するための13の方法

悩み多きプチ菜園家の日々

谷本雄治
わたなべみきこ＝イラスト

山と溪谷社

コラム

雑草図鑑

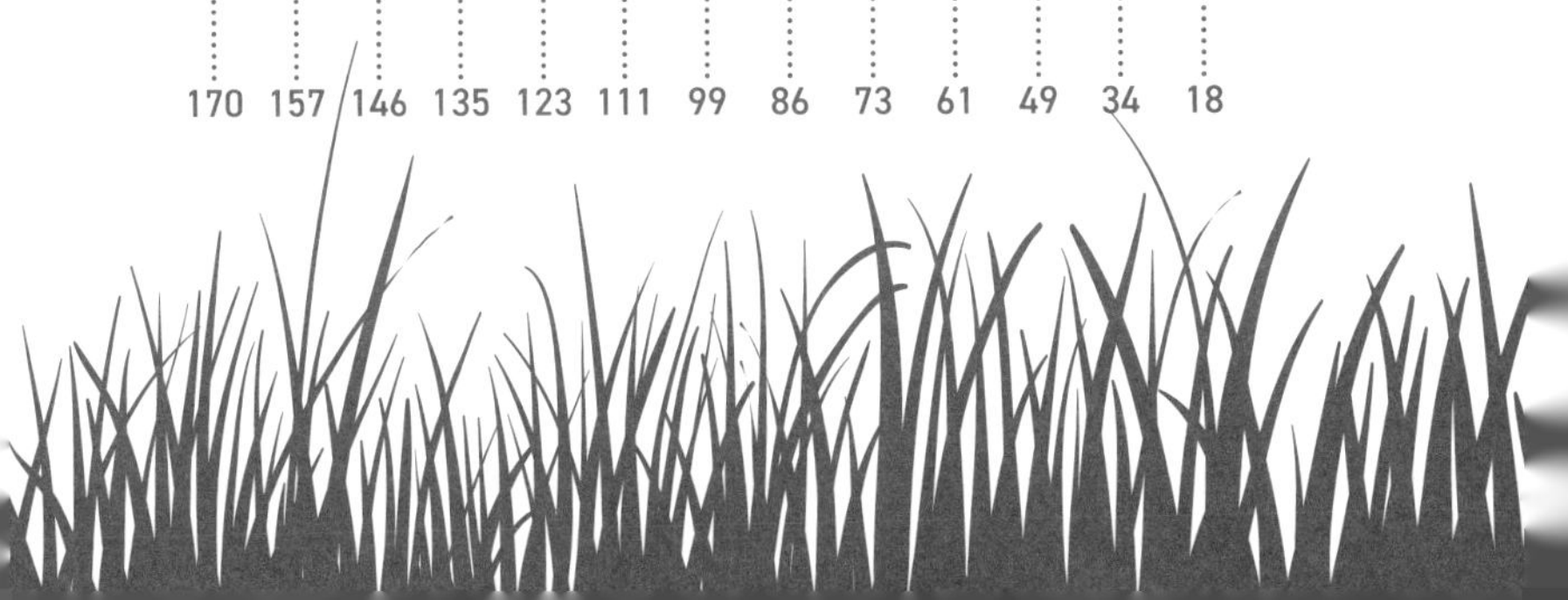

はじめに――雑草に物申す

わが家には、「猫の額」というたとえがぴったりの狭い庭がある。せっかくだからと毎年、ダイコン、小松菜、レタス、バジルのタネをまき、ミニトマト、ナス、ピーマンの苗を植える。スーパーで買う野菜の値段を思えば、家庭菜園のまねごとでも少しは家計の足しになるだろうと考えてのことである。

その日のために取りそろえたタネをまいてしばらくすると、土色にしか見えなかった地面に、あざやかな緑色が加わる。

「おっ。野菜が芽を出したぞ！」。喜びながら足元を見ると、同じ若葉でもダイコン、小松菜とはどこかちがう。

草だ。望まぬ雑草だ。早く見たいのは野菜の芽であって、諸君の顔ではないと言いたくなる。

植物が好きだから、「日本の植物分類学の父」牧野富太郎博士の手になる学生版の植物図鑑をはじめとして、何冊もの草木の本の世話になってきた。だが、目の前に突如あらわれた草を見て、「ほほう。これは○○科のナニだな」と言い切る自信はない。だから一切合財ひっくるめて、雑草と呼ぶしかないのが残念ではある。

あれこれが混じり合うさまを「雑」というのだと、辞書は教える。雑然、雑念、乱雑、混雑、雑談といろいろあるから、取るに足らない、必要のないものがごちゃごちゃっと存在する状態を指す言葉なのだろう。

ここは野菜の栽培エリアだと札を立て、きちんと柵をしなかったのが落ち度と責められるのはしかたがない。だからといって、主人公たる野菜以上に元気な顔を見せつけるのはやめてほしい。近くに植えたパンジーやビオラ、ベゴニアなど園芸植物の生育も邪魔されたくない。

そうこうするうちに雑草は狭い庭いちめんに葉を広げ、つるを伸ばし、ナスやピーマンに覆いかぶさって光を遮る。せっかく施した肥料の栄養分も独り占めしたのか、野菜よりもずっと早く、勢いよく育つ。無遠慮で、なんとも露骨なのだ。草ぼうぼうの庭が短期間でできあがる。

かやぶき屋根、幽霊屋敷はそれでもいい。だが、雑草がはびこれば、病害虫の巣くつになりかねない。家のまわりや隣の家とのすき間に生えるビンボー草は見たくない。

百歩譲って、狭いわが家の庭だけならガマンもしよう。しかし、もっと広く野山にまで目を向けるとカモガヤ、ブタクサ、カナムグラと、花粉症を引き起こす草ぐさがふんぞり返る。目をこすり、鼻をつまらせ、涙ながらに雑草の撲滅を願う人は少なくない。

クズやアレチウリのように、モンスターと化して「緑の反乱」を起こす雑草もある。虫のフリをして襲いかかる「ひっつき虫」も身近にいて、うっかりするとけがをする。トリカブト、ドクゼリ、バイケイソウみたいに、山菜を楽しもうとするキャンパー泣かせのものもある。

それでも正月7日の「人日《じんじつ》の節句」を祝う「七草がゆ」のごとく、生活に潤いを与えてくれるものもある。最近はきれいにパック詰めされた節句セットも目にするが、「ナズナがないなら、ホウレンソウで」と、野菜を雑草の代用品として扱うこともある。そうなるともはや、雑草さまさまだ。

いくらなんでも、節度が欲しい。それを教え、ただせるのは人間だけだ。

雑草がのさばらないように、草とり、草刈り、草むしり、除草、抑草《よくそう》、草なぎをしてやりたい。いくらか品よく「芸る」「耘る」と書きたいが、「くさぎる」なんて言葉を使うと、現代人にはキザだと思われる。

呼び方はともかく、庭や田畑の雑草は百害あって一利なし。それは、人類に共通の思いではないのか。この際、雑草の泣きどころをピシッと押さえ、はびこる雑草に立ち向かう道具をそろえて、攻撃のタイミングを計ろうではないか。そのために考えたのがとっておきの13の方法だ。

達人ともなれば、芽を出したばかりの雑草を見て先手を打つ。その域に達するのは無理だとしても、一泡吹かせるまで頑張るぞ！

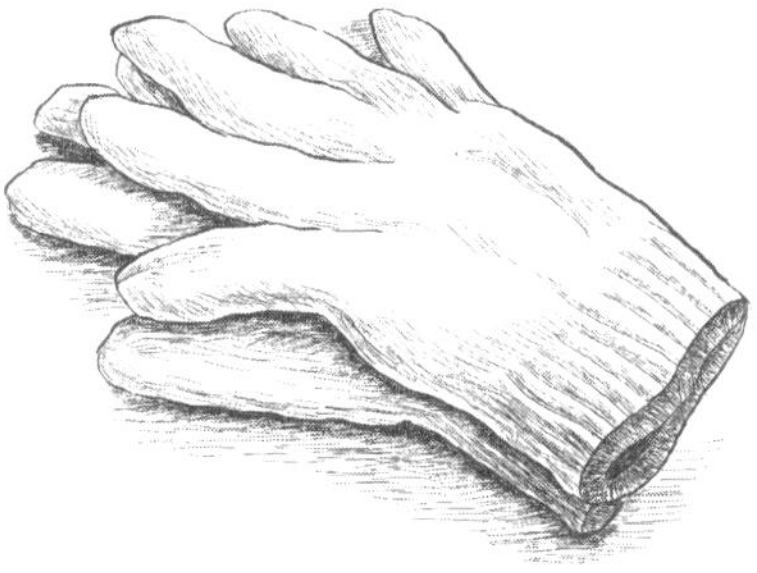

戦略 1

踏みつけろ！

地面にしゃがんで草を見た。

芽が出たばかりで、まだかわいい。だがそのうちぐんぐん伸びて、燎原《りょうげん》の火のように広がるのだ。油断もスキもあったものじゃない。

わが家の財産といえば、猫の額ほどの「猫庭」だけだ。そんな狭小地に雑草が広がったら、目も当てられぬ。野菜も育たず、庭木だって息苦しかろう。家主としては、なんとかして雑草を抑え込みたい。

しばし考える。

ハタと気づいたのは、もっとも単純で効果が期待できそうな「踏みつけ」だ。芽を出したばかりの幼い雑草を踏んづけるのは忍びないが、善（？）は急げという。光と水と栄養の力を借りて雑草が伸びる前に、ぐうの音が出ぬほどに踏んづけてやればいい。

踏みつけの科学的効果とは？

なんとも原始的でヤバンな方法のように思えるが、あながち間違ってはいまい。ちょっと科学っぽくいうなら、雑草に物理・生理的なダメージが与えられるからだ。

土の中から頭を出した雑草を踏んづけると、細胞が物理的に破壊される。新しい細胞を

確かに効果はある「踏みつけ」。でも、踏み続けるのは現実的ではない……。

つくりだす生長点にとって、強烈な一撃となるはずだ。破壊されるのが葉なら、組織の損傷で光合成に支障が出る。そうなったら、より大きくなりたいという雑草のモチベーションを下げるだろう。

植物の根は土壌中の酸素を利用して呼吸し、それによって成長に必要なエネルギーを得る。しかし、何者かに踏んづけられた雑草の下にある土は当然のごとく圧迫・圧縮され、酸素の輸送にトラブル発生だ。そうなったら根はとたんに、青息吐息。酸素だけでなく、生育に必要な栄養を取り込むこともかなわない。

土への影響は、それだけではない。野菜や園芸植物を育てるには団粒構造が望ましいといわれるのは、一見相反するような水はけと水もちが良いからだ。

小さな土の粒が集まってできる団粒構造なら、粒と粒の間にすき間がある。そこに養水分も酸素もたくわえられて、根の成長の糧になる。空隙が多い団粒構造の土はそれゆえにやわらかく、根もよく広がる。

踏んづけられてぺしゃんこになった土は、団粒構造もぐしゃぐしゃだ。酸素が不足して根はあえぎ、水も栄養も吸収しにくい。雑草にしてみれば、なんとも暮らしにくい環境になる。

確かに効果はある

二十数年前のことだが、わが家を建築の際、地面がむきだしの駐車場を借りていた。当然のように草が生え、車体の底にもふれる。

ところが車輪が幾度となく踏みつけるわだち部分だけは、土肌が見えていた。タイヤの太い2本のすじを除けば、草は茂り放題だ。

選挙の投票のたびに出かける小学校でも、同じような光景を目にした。だだっ広い校庭には、草がない。児童が体育の授業に運動をしたり、休み時間に跳びはねたりする場だから、それは納得がいく。

意外なのは、校庭の隅にある鉄棒の下やそのまわりだ。特別な手当てをすることがないので、芝生のように広がる草があっても不思議はない。

鉄棒に体をあずけるときには地に足がつかないが、初めと終わりには必ず、踏みつける。それを毎日、何人もの児童が繰り返すことで、さすがの雑草も生えにくいのだろう。

江戸時代の農学者・宮崎安貞《やすさだ》は、『農業全書』に記した。

〈上農は草を見ずして草をとる〉

もともとは中国の馬一龍《マイーロン》が『農説』で記したことを徐光啓《シューグアンチー》が『農政全書』に転載し、それを宮崎が日本に紹介したものだとされる。農業試験場やＪＡ（農協）などが開く農家向けの講座ではいまも語られる格言のひとつである。つまり宮崎は、雑草に付け入るスキを与えるなと言いたいのだろう。

平たく言えば、「出る杭は打て！」ということだ。芽を出さなければ、雑草も敵ではない。地上に芽を出し、無遠慮に葉を広げるから、いけないのである。地面をしっかり踏んづけていれば、雑草がのさばる庭にはならない。

この知的戦略のもうひとつのメリットは、特別な道具が要らないことだろう。どかんどかんと地固めをする際に使うタコ（胴突き）があれば効果はより高まりそうだが、それがなくても嘆くことはない。人間には足がある。

だが、裸足ではさすがにつらい。靴底の軟らかいスニーカーも、なんとなく頼りない。せめて、長靴を履くのが良さそうだ。靴底が硬いから、踏圧も高まるだろう。

それにしても、そんなことで本当に草は生えないのか？

そう問われると、気持ちがぐらつく。できれば、効果が客観的に判断できるといいのだが……。

そう思ってインターネットを探ると、まさにぴったりの体験事例が見つかった。ひとりの小学生が正月明けから夏休みにかけて、雨の日も風の日も自宅の庭で跳びはね、踏んづけ、走りまわり、土をどんどこ突き固めた。そしてそうすれば草は生えないということを、自由研究で実証したのだ。

その子は比較のため、庭の半分には手をつけなかった。すると2カ月ほどで、踏みつけた方との差は歴然となった。当たり前だが、何もしないと草はずんずん、わさわさ、伸びたり増えたりしていくのだ。

ある日、少年はふと思ったそうだ。

踏むのをやめたら、どうなる?

素朴ながら、だれもが気にする点ではある。彼は、それもしっかり検証した。3週間も放置すると、雑草エリアが見事に復活したのだ。効果を維持するには、休みなく踏み続けなければならない。

乗り越える雑草

生来の根性なしだから毎日とはいかないが、猫庭の一部を踏みならした。

たまにはどたんどたん、跳びはねた。

どうみても手抜きの踏みつけではあったが、草が生い茂る事態は避けられた。ほんのちょっと圧をかければ、雑草は確かに、ひれ伏すのだ。

ところがその油断が招いたのか、じきに変化が訪れた。平伏したように見せかけ、静かに勢力を拡大しようとしている草が見つかったのである。

オオバコだ。

またの名を「車前草」。その名の通り、車のわだちがあるような場所でこそ増殖する性質がある。といっても昔のことだから、牛車の車輪だったのだろうが……。

オオバコの茎は、そこにあると気づかせないほどに短く、まるで葉柄のおまけのようだ。だから、ちょっと踏んづけたくらいではへこたれない。

あっさりと頭を下げるのに、ちっぽけなタネはねちっこく、べたべたと靴にくっつく。それもやつらの作戦である。踏んづけて撃退したつもりでいるノーテンキな人間を利用して、無賃乗車さながらの手で勢力範囲を広げる。そうなったらもう、白旗を掲げるしかない。

散歩がてら、近所の公園に行った。子どもたちがかけっこをしている場所を歩くと、足元に無数のオオバコが生えていた。オオバコ公園と呼びたくなるくらいに繁茂している。頑張って踏みつけ、踏み続けるのは、雑草をぎゃふんと言わせるのがねらいだ。とにかく、一網打尽にしたい。それなのに、汗水たらして跳びはね踏んづけることでオオバコのような連中がいい思いをするなら、考えものである。単純でカネもかからないのは魅力だが、戦いは始まったばかりだ。とりあえず、別の戦略を立てることにしよう。

戦略1 踏みつけろ！

大変度――★★★★

現実度――★

［ひとことコメント］

さすがに自分の足で踏み続けるのは無理

雑草図鑑──①

オオバコ

オオバコ科の多年草。踏みつけに強く、道ばたなどに生える。タネは濡れると粘液を出してべとつき、人の靴や動物などについて運ばれて分布を広げる。薬草としても使われる。

コラム

草刈りは自治体泣かせ

車は道路を走る。だから、雑草がはみ出していたら邪魔くさい。ドライバーの死角になるし、歩行者だって歩きにくい。通学路ならなおさら、子どもを守る除草対策が急務だ。

それなら除草剤をパパッとまいて……と思う人がいれば、人体への影響や環境汚染を不安視する慎重派もいて、対応する行政の窓口は大変だ。安全第一を求める住民は、都市部に多い。

地方はどうかというと、除草剤の使用も含め、焼却する、塩水をまく、土の表面を覆うなど、各自治体がさまざまな手法を検討したり試したりしている。細い田舎道から高速道路まで、道路だってピンからキリまである。

堤防の雑草も手ごわい。放置すると、災害時に決壊のリスクが高まる。ネズミやモグラがすみつくと、危険度はさらに高まる。そのほかにも公園、緑地帯など、土があるところにはどこでも雑草が生える。除草の手間は、一般家庭の庭とは比べ物にならない。

たいていはどこも予算不足だから、担当者は頭を抱える。しかも、請負業者も作業員の確保もままならない。こまめな除草で経費を抑えた例があれば、予算不足でやむなく作業回数を減らす自治体もある。雑草対策の前にはなんとも厳しい現実があり、隠れた社会問題になっているのだ。

堤防のネズミ駆除ではかつて、タカの一種を呼び込む止まり木作戦が話題になった。それにならい、雑草をバリバリ食う「草くい虫」でも大量に放したらよさそうだが、そんな虫のいい話はない。道路、堤防、公園と、雑草対策にまつわる悩みのタネは尽きない。

戦略 2

丸刈りだ！

子どものころ、不思議でならなかった。

だれもが知る民話『さるかに合戦』で、猿にそそのかされた蟹は柿のタネを土に埋める。そして、「早く芽を出せ。出さぬと、はさみでちょん切るぞ」と言う。そのあとも早く育て、早く実をつけろ、さもなくばちょん切るぞと脅すといった筋書きだ。

発芽後はともかく、芽が出る前にどこを切るのだろう、柿のタネを掘り出してタネそのものを切るというのだろうか、そうなったら元も子もないのに……とまあ、純真な子どもは考え、悩んだ。オトナの解釈をすれば、そう言って柿のタネを怖がらせたということなのだろうが、当時はなんとも不思議でならなかったものである。

発芽前の柿のタネはともかく、相手が雑草なら、蟹でなくてもちょん切りたくなる。草を一本、一株ずつ引っこ抜くのは面倒だ。鎌を持ち出し、ばっさばっさと刈り取る方がずっと楽だし、雑草に与える打撃も大きいように思える。

根が吸う水や養分は、導管を通して上へ上へと送られる。その吸い上げルートを遮断すれば、さしもの雑草も無事ではいられまい。戦国時代には、食糧の補給路を断つ兵糧攻めが大きな戦略となった。補給ルートは人にとっても植物にとっても、きわめて重要なのである。糧道を断つ丸刈り作戦は、理にかなう。鎌が一本あれば、庭や菜園の悩みの種である雑草どもにひと泡吹かせることができそうだ。

草刈り鎌の達人たる農家のオヤジは、農の名言を残している。いわく、「夕焼けに鎌を研げ」と。

物騒な話にも聞こえるが、なんてことはない。夕ぐれどきに西の空が赤ければ、あくる日は晴れる。草刈りに絶好の日和となるから、朝になって慌てなくていいように、前日から鎌を研いでおけという教えである。

多様な草刈り道具

秋の北陸に、手づくり農具の工場を訪ねた。個性的なくわや鎌がずらりと並ぶ展示室で、そこの主人は言った。

「農具とはいうけれど、最近はね、農業用より家庭菜園向けの商品の方が多いんだ。30代、40代の女性客の利用も増えてるよ」

「そりゃまた、どうして？」

「健康のためとか、安心して食べられる野菜を育てたいとか、理由はいろいろさ」

そう聞いて、目の前にある商品の色彩・デザインが派手である謎が解けた。おしゃれな柄が付いた道具は、新しいニーズに応えるための工夫のようだ。

草刈り鎌ひとつとっても、種類は多い。立ったまま作業できるようにした柄の長い鎌があれば、つる草を相手にするもの、狭いすき間に使うもの、左利き用の鎌もあり、じつに多彩な品ぞろえだ。

「関東ローム層だとか粘土質だとか、土の性質がちがえば道具も変わる。だから土地柄や使い道を考えて、刃の厚みとか幅も微妙に変えるよ」

さすが、専門業者。そこが職人の腕の見せどころだと言いたいのだろう。細かい要望に応じるため、納品までに2カ月かかるものもあるという。

草刈り道具はじつに多い。

まずは名前通りの草刈り機と、よく似た呼称の刈り払い機だ。公園や河川敷などで見かける円盤状のこぎり刃が付いたものが刈り払い機で、草刈り機に至っては簡便なものから乗用式のタイプまでさまざまある。

そうした機械を集めた大規模な展示会があると聞き、千葉市の幕張メッセに向かった。メーカー各社が自慢の商品を並べ、他社とのちがいをアピールしていた。

売り込みに力が入るのは、家庭用のロボット掃除機に似た草刈りロボットだった。天候や場所、時間を選ばず、障害物があればセンサーが感知して避け、バッテリーが切れる前に自ら充電場所へ戻る。ほったらかしで草刈りをしてくれるのだから、なんともありがたい。

「いやあ、すばらしい。それに、かわいらしいデザインだし、言うことなしだね」

「そうなんですよ。すべて自動ですから」

「でも、高いんでしょ?」

庶民には、それも重要だ。

「本体がン万円、作業範囲を設定するための器材がン万円、充電のための太陽光パネルも加えると全部でン十万円になります。別売になりますが、スマホで遠隔操作するための通知ユニットもありますよ」

「…………」

基本的には果樹園などの除草を想定したものらしく、それなりの価格にはなる。そのほかに斜面に強いとか芝刈りも得意だという製品もあったが、いずれも零細家庭菜園家が「はい、そうですか」と簡単に手を出せるものではない。仮に購入しても持て余すだけだ。

刈り払い機なら、検討の余地はまだある。そう考えて次は、充電式刈り払い機のブースを見て回った。

刈り払い機に求められるのは、作業性と安全性の高さだ。各社が刈り刃や石のはね返り防止、ブレーキの機能を高めた点を強調し、従来品に比べると騒音を抑えたものが多かった。

刈り払いと同時に粉砕するもの、除草しながら耕す機械も展示されていた。棒状のシャフト先端にある刈り刃部分を交換する、アタッチメントのようなものである。

だが、そんなにスゴい機能を求めるのはやはり、農家のようなプロだろう。素人に手が出せるのはせいぜい、従来式の刈り払い機だ。といっても種類は多く、実際に長く使ってみないと評価はできそうにない。

動力源で分けると、エンジン式とバッテリー式がある。前者はパワフルで長時間の使用に耐えるが、機械音はかなり大きい。後者はエンジン式に比べるとパワーが劣り、連続に使える時間も短い。その代わり軽く、騒音も抑えられる。

家庭用と称した製品も多く出回り、選択肢は増えた。自宅のコンセントに挿して充電できる手軽さ、本体の軽さがセールスポイントだ。ちょっとした庭なら十分に使えるらしいが、どんな環境でどんな人が使うのかによって評価は異なる。それはそうだろう。障害物がない畑のようながらんとした場所はともかく、建物のすき間や鉢物がたくさん置いてあるようなところでは扱いにくい。

刈り払い機の刈り刃は3種類。従来型の金属刃に加え、樹脂刃、ナイロンコード製が出

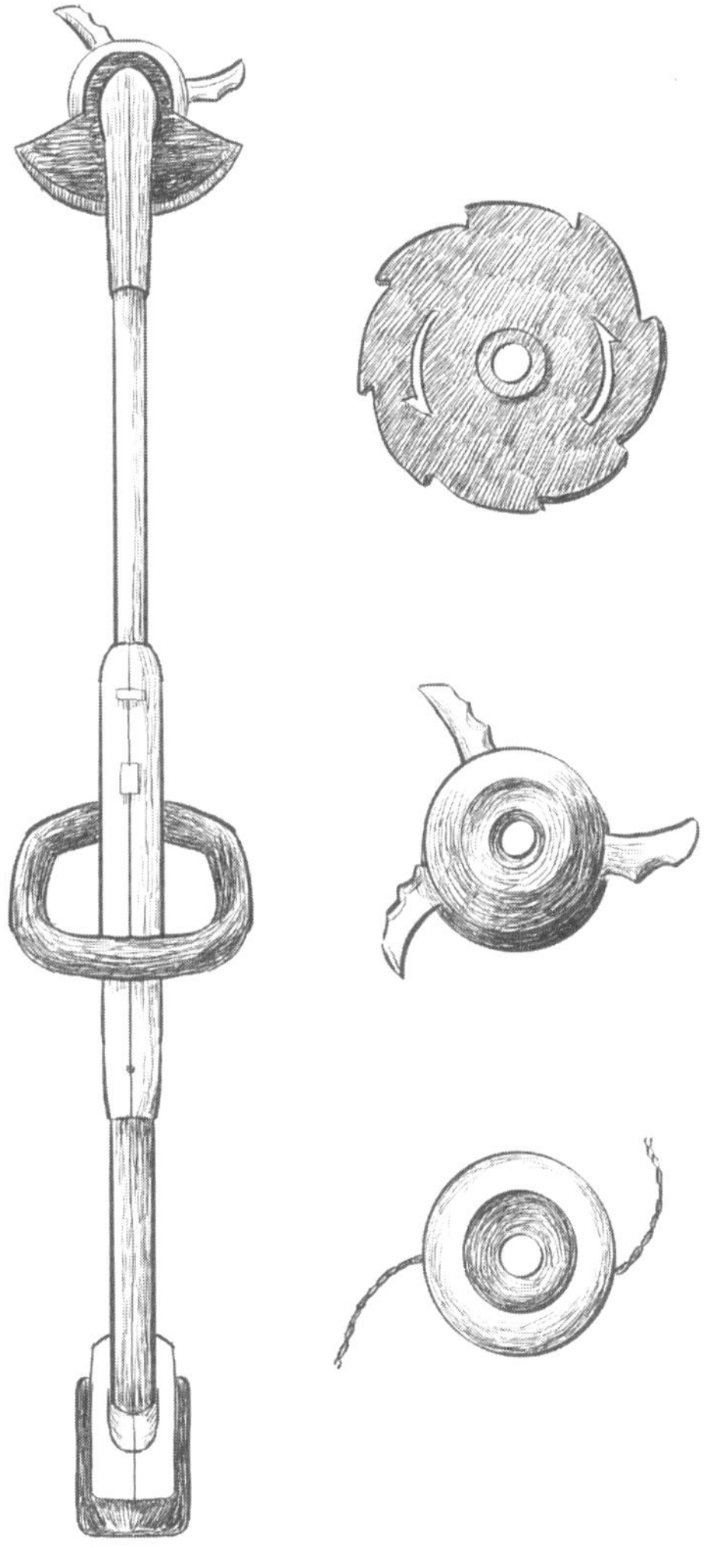

シロウトにはバッテリー式がお勧め。刃は金属（上）、樹脂（中）、ナイロンコード（下）のものがあり、安全性が異なる。

回っている。

販売担当員によると、樹脂刃は遠心力で開く3枚刃のタイプが売れ筋らしい。ナイロンコードは2本または4本のひも状で、丸型と角型、ねじれた形のスパイラル型がある。家庭で使うなら切れ味の一方で安全性と騒音性、扱いやすさが問われるが、高望みしなければまずは及第点だという。使うほどにすり減るコードの交換は必要だが、自動で繰り出すタイプもあるから、その点では手間が省ける。ただし、ナイロンコードには草刈り機本体のパワーが問われる。馬力不足では、力が発揮できないそうだ。

そうしたありがたい情報をあれこれ得たのだが、結局のところ実際に手にしたのは、100円ショップで買った安い鎌だ。まちがっても手を切りそうにない〝なまくら鎌〟である。

一度刈って終わりじゃない

散在する雑草の数々を前にすると、ヤル気と嫌気が交錯する。ヤツらは、こちらの都合を考えて生えるわけではない。自分たちが気に入った場所に陣を取り、タネをばらまき、地下に根を張りめぐらせる。まさに、仁義も礼儀もへったくれもない。

目指すは丸刈りだ。

目につく草、鎌の先にふれる草ども、覚悟せよ!

あっちへ行って、ざくっ。こちらへ来て、ちょこちょこっ。日ごろの運動不足を解消するための試練と受け止め、粛々と鎌をふるう。

さっさっ、ざくざくっ——。

いざ始めると、小気味よく切れる。弘法は筆を選ばないのだと自慢したいくらい、目の前からみるみる雑草が消えていく。

夕焼けに鎌を研ぐわけでも、用途に応じた鎌を用意したわけでもない。それでも快適に刈り取れる。心の中でザマアミロと叫びながら、作業を続けた。

1時間ほど奮闘すると、そこにはもともと草などなかったように、つるんとなった。日ごろのうっぷんも晴らせて、ウキウキ気分である。

しかし、よくよく考えると、損をした気にもなる。自然観察が好きだから、季節の草花が見たくて、わざわざ散歩に出かけるのだ。庭では居ながらにして多種多様な植物が見られるのだから、そのチャンスをもっと大事にすべきではなかったのか……。

イネ科雑草のメヒシバ、エノコログサ、スズメノカタビラがあった。広葉雑草に分類されるオオイヌノフグリ、タチツボスミレ、ナズナ、ハハコグサ、コニシキソウ、ニワゼキショウ、カタバミ、スベリヒユも生えていた。あればあったでうっとうしく、なくなればさびしさを感じるのが人の常か。

だがまあ、自分でも驚くほどすっきりした。これでしばらくは平和な日々が訪れよう。

それがまったくの幻想だったことは、半月もしないうちに明らかになった。うぶ毛らしきものが見えたと思ったら、雑草の数々はまたたく間に勢いを盛り返したのだ。やっぱり、根性がある。自分がいかにマヌケだったかと思い知るのは、生長点の位置は種類によって異なるということに気づいてからである。

生長点は細胞分裂の活発な部分で、植物の根や葉の先っぽにあると思いがちだ。しかしそれは一律ではなく、イネ科雑草と広葉雑草で位置が異なる。

葉を上に伸ばすイネ科の生長点は地面すれすれの低いところに存在し、広葉はもっと上にある。しかもイネ科には「分げつ」という性質があって株元で茎を増やすから、よけいにタチが悪い。

そんな習性を無視して立ち向かえば、労多くして功少なしとなるのはみえている。刈った者を一時的に勝った気にさせるのだから、戦術としては雑草側の方がよほど上である。

それでも、同じ失敗は繰り返したくない。

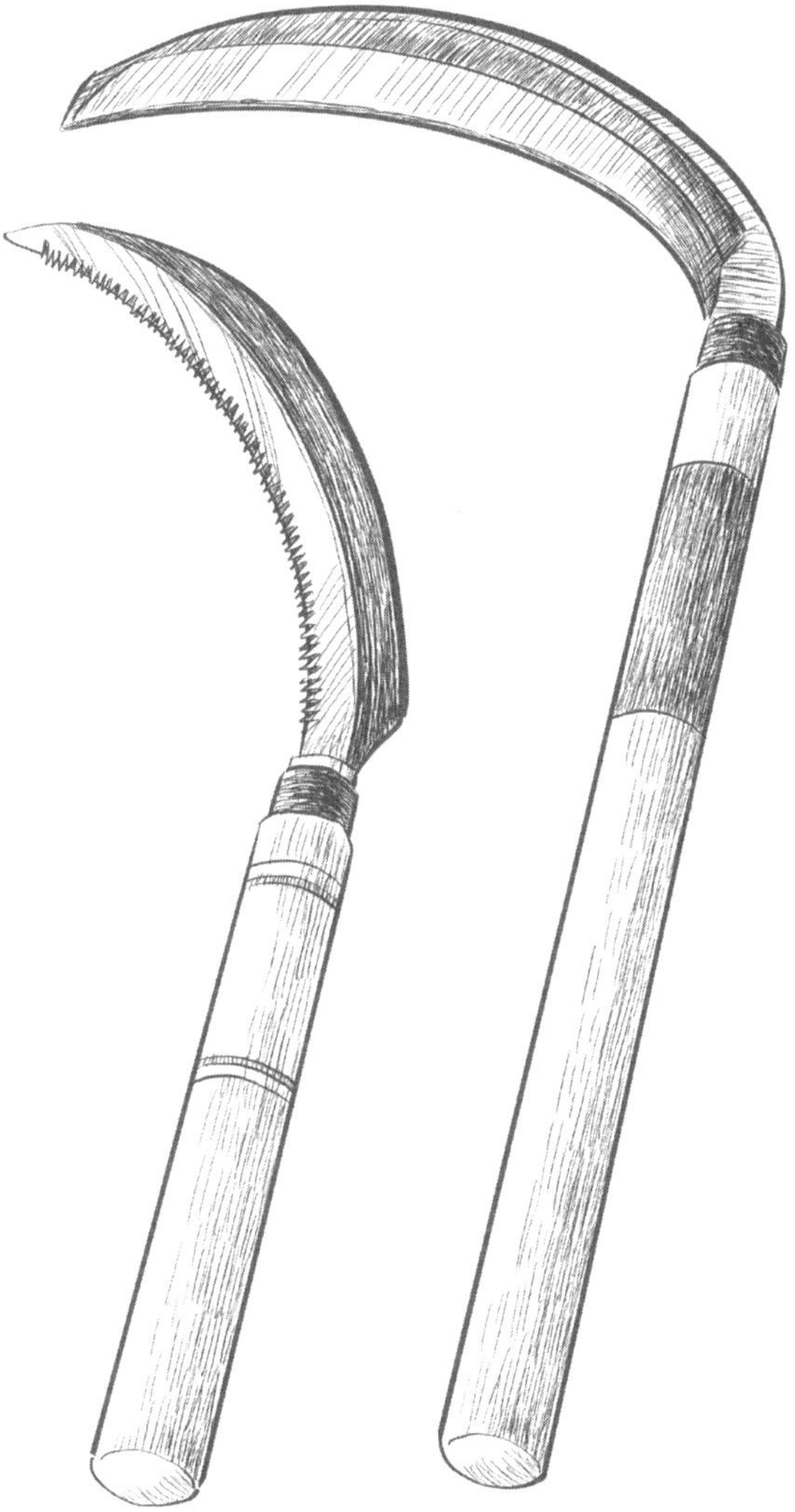

鎌には、刃の長さや角度、柄の長さなど、さまざまな種類がある。

されば、いかにすべきか。

要は、地面の5～10センチ上を刈ればいいのだ。生長点が残るイネ科雑草はほどなく新葉を伸ばすが、広葉雑草の回復には時間がかかる。総体としてみれば、抑制はきく。

ただし、その評価も場所によって変わる。

生長点の異なるイネ科と広葉がほどよく混在する土地ならその通りだが、両者が点在していたら話は別だ。光を遮るものがない環境でイネ科はのびのびと育ち、イネ科の陰にならない広葉もまた葉を広げる。つまり、刈り取り位置が高くても低すぎても、雑草を利する結果となる。鎌を握るなら、そこまで考えないといけないようである。

いやいや、それよりもっと重要なのは、丸刈りにしても完全終了になることはないという日本の風土だろう。土に適度な湿り気があって日が当たれば、眠っていた雑草のタネが目をさます。生長点の位置を考えて刈り取ったつもりでも、一本ずつ確かめながら刈り込まない限り、完ぺきにできるものではない。

つまるところ、新たに発芽した雑草、刈ったつもりなのに再生した雑草との戦いが終わることはない。それを宿命と受けとめるか、別の手を考えるか……。最善の策と思えた丸刈りでジ・エンドとなることがないのは確かなようである。

戦略 2

丸刈りだ!

大変度――★★★★
現実度――★★★★

[ひとことコメント]
刈っても刈ってもキリはないけれど現実的か

雑草図鑑――②

メヒシバ

イネ科の一年草で、春に芽が出て、夏にぐんぐんと成長する。秋には細い花穂を放射状に出して、タネをつくる。北海道から沖縄まで、日当たりの良い場所であればどこにでも生える。

コラム

“雑草”の米づくり

まちに暮らす住民には、狭い庭や家のまわりの雑草対策が重要課題となる。多くの場合、ちっとばかし自分の家を良く見せたいというささやかな欲がからむように思う。

水田地帯は、そうではない。収量を確保し良質米を得るため、田んぼの中だけでなく、あぜや水路の除草も手が抜けない。

せっかく施した肥料で雑草が立派に育ったら、なんとも悔しい。水稲の光合成も妨げられるし、管理機だって動かしにくい。

あぜ草は、カメムシやウンカといった害虫・ウイルス媒介昆虫のすみかになる。水路に茂れば田んぼに水を注ぐ際の障害になるし、水温管理にも響く。農家の人たちはわが家のように、見てくれや世間体を気にして雑草を相手にするわけではないのである。

除草剤や除草機の開発・利用が進み、田んぼやその周辺の雑草管理はかなり楽になった。除草剤が普及する前の除草労働時間は10アール当たり50時間だったのに、いまは2時間を下回るとか。だったら現代の田んぼには草一本生えないのかというと、そうでもない。ヒエ類と呼ばれる水稲そっくりの雑草が何株も目に入る。

除草剤を使っても、田んぼの土が平らでないと、ちょこんと突き出た土の頭から芽を出す雑草がある。それを防ぐには、ていねいな均平《きんぺい》作業が求められる。見方を変えればそれは、雑草対策でもあるのだ。それに除草剤をまくとあぜが壊れると心配する人は、自分の力に頼って草を刈る。だから結局、米づくりは草との戦いなのだろう。神様への感謝の前に、お百姓さんにお礼を言うべきだね。

戦略
3

根こそぎだ!

臭いニオイは、元から絶たなきゃダメ！

そんなフレーズの消臭剤のテレビＣＭが、１９７０年代にあった。何かのきっかけでいまだに思い出すのは、核心をつく内容だからだろう。

美観をそこねたり野菜づくりの障害になったりする雑草は、根から取り除かないと再生する。だから雑草はやはり、根こそぎにしないといけないのだ！

ちょっと考えれば、その明快な答えはすぐに見つかった。それなのに、楽そうで手っ取り早い方法として草刈りを選んだのが誤りだった。われながら、近視眼的でなんともおめでたい。

「根絶」という言葉があるように、植物のからだを支える根、水分や養分を吸収する役割を担う根をなくせば、問題は一気に解決する。「草とり」「草むしり」という用語も、雑草は情け容赦なく根絶やしにせよと教えてくれる言葉にちがいない。

しくじりの原因は、雑草の種類による生長点の位置のちがいに気づけぬことにあった。根ごと引き抜くなら、生長点のありかなんて関係ない。まさに「元から断つ」戦略に勝るものはないのである。一刀両断が可能な草刈りの方が楽だというズボラ的発想が、そもそもの誤りだったと反省しよう。

地上部だけ見ていては、根本を見失う。マジックショーではよく、目の前で起きていること、見えているものが真実ではないといわれる。それと同じで、雑草の巧妙なトリックに惑わされたら、勝ち目はない。地面の上の茂みに気をとられていては、根本的な解決にならないのである。

草を抜くのに適したタイミングとは

植物の根の研究は遅れている。それもわかるような気がする。土の中にあるため、単純に考えて観察や実験がしにくい。それでも農業や土壌、生物の専門家による地道な研究は続くが、彼らには根のような横のつながりがないらしい。

それはさておき、ともすると「根」というひとことで片づけがちだが、大別すれば根には2種類ある。双子葉植物のように主根と側根からなるものと、単子葉植物のようにひげ根からなるものだ。主根は植物のからだを支え、そこから伸びる側根で水分・養分を吸収する。ひげ根そのものは弱々しいが、四方に広げることでからだを支え、同時に水分・養分を取り込む。

タンポポやヨモギ、ドクダミには主根・側根があり、スズメノカタビラやツユクサ、チガヤなどはひげ根だ。タイプによって、抜き取る際の道具を使い分けるといいかもしれない。

予習はこれぐらいにして、すぐにでもズボッと抜きたくなる。しかし、急いては事を仕損じる。抜くという単純な作業だけに、タイミングも重要だ。

植物採集で何度も経験しているが、草をとる際にはその場の環境がものをいう。当然だが、切り立った崖に生えていたり、水面下の状況がわからなかったりする場所での採集は難しい。

草を抜くのに良い条件とはなんだろう。

そう考えたとき、土がやわらかいことだと気づく。かたい土だと、力が要る。力を入れると腹が減る。空腹を満たすために何かを食べると、お金がかかる。アメリカの政治家ベンジャミン・フランクリンの言葉から広まった「時は金なり」の教えが当てはまるかどうかは知らないが、地面がカラカラ・カチカチに乾燥した状態では抜くのに苦労して時間がかかるだろう。

だからといって、雨の日に草を抜く人は多くない。そのときでないと作業時間が取れないほど多忙ならともかく、雨の中で草とりをするくらいなら、植物の生理について書かれた本でも読む方がずっといい。そうすれば、草と戦うための新たなアイデアにつながるだろう。

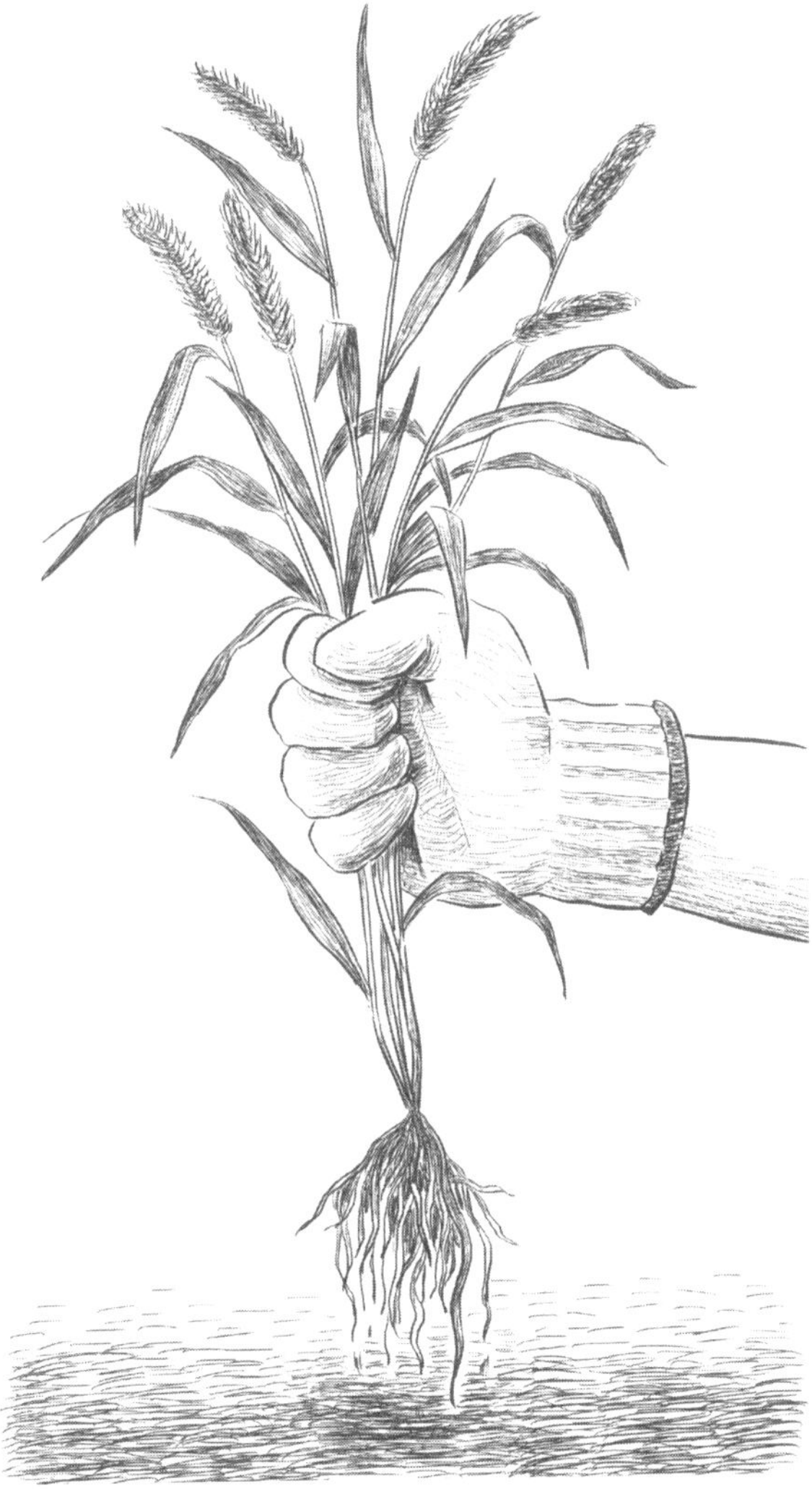

実際に「根こそぎ」にしてみると、根が浅くあっさり抜けるもの、根が深いものなど、さまざまなものがあるとわかる。

草とりは、雨が降った翌日以降がいいそうだ。雨が上がってすぐだと、濡れたままの草を相手にしなければならない。土が湿っていればたやすく抜けそうだが、表層部が濡れているだけで、雨水が根にまで届いていないこともある。逆に大雨のあとで深くまで水が浸透していると、手も服も道具も汚れてしまう。それでも抜いてやろうとして、つるんとすべって転んだことがある。得することは少ないから、雨上がりのあとすぐに抜こうと思わないほうが賢明だろう。

経験的には、雨がやんで2、3日した晴れの日にする草とりがベストだ。真夏なら、暑い時間帯は避ける。熱中症が心配だし、汗がだらだらと流れる中で、雑草のために無理をすることもない。

草抜きの道具問題

草刈りでは、もっとも手軽な鎌を使った。根元から引き抜くときの専用具なんて、あるのだろうか。手で引っ張れば事足りる。これまではせいぜい、移植ごてを使うくらいだった。

移植ごての名を出すと、「それなーに？」と尋ねられる時代になった。かつては学校の

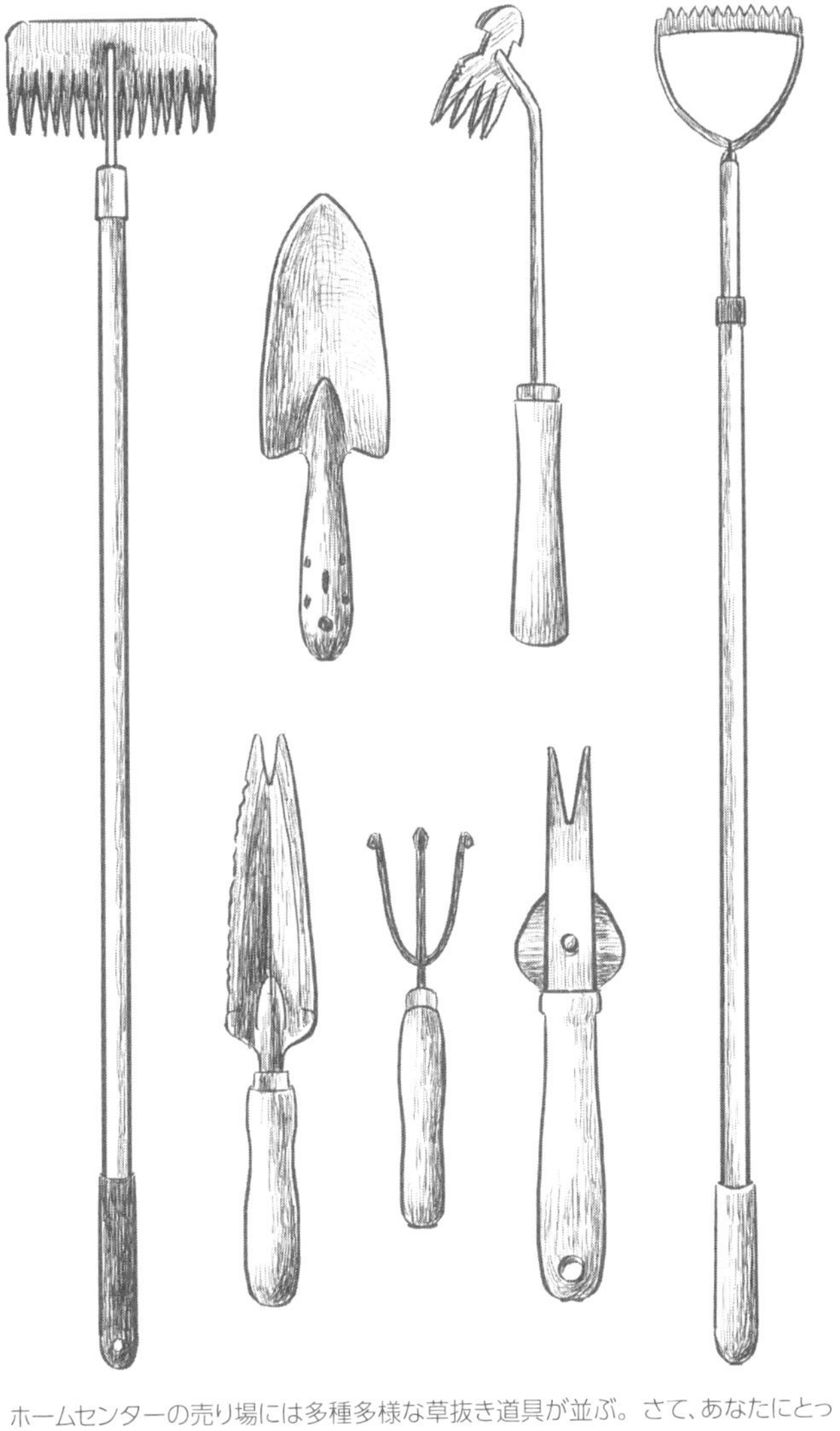

ホームセンターの売り場には多種多様な草抜き道具が並ぶ。さて、あなたにとって良いものはどれか？

教科書でも「移植ごて」という用語を採用していたが、最近の販売店では「ハンドスコップ」「ガーデンスコップ」などと呼ぶ例が目立つ。念のために言うと、野菜の苗や園芸植物を植えるときに使う小型の土掘り道具が「移植ごて」だ。

売る側が「移植ごて」をスコップに言い換えるのは、現代風でいいとしよう。まぎらわしいのはそこに用いる「スコップ」の呼び名であり、セットで名の挙がることが多い「シャベル」だ。

太いゴボウ根の草を掘り起こそうと、スコップ、シャベルを持ち出す人もいるだろう。ところがその名前を言っても、きちんと伝わる保証はない。

足をかけて穴を掘るような大きいものを関東ではスコップと呼び、関西では小さい方を指す。関東で草とりに使うとしたら、主に小さい方のシャベルとなる。だから関東の人が関西出身の人に「シャベルを持ってきて」と頼んだら、デカいスコップを持ってこられて困るかもしれない。

そういう混乱を避けるために、日本産業規格（ＪＩＳ）がある。この2種類についてはどう定めているかというと、なんとも明確だ。土掘りで足をかける肩の部分が平らなものをシャベル、丸肩で土すくいを目的にしたものをスコップとしている。柄の長さは問わず、足をかける部分があるかどうかで区別するのだから、わかりやすい。

スコップ、シャベルはともかく、移植ごてとは別の小道具を使いたい場合には、どんなものがあるのだろう。便利なら使いたい人もいよう。

そう思って調べたら、けっこうな数の製品が出回っていた。草をはさんで抜くペンチのような道具、刃先がぎざぎざになったトングのようなもの、鎌の先端を大きなぎざぎざ刃にした草抜き鎌、指にはめて使う鋭い爪のようなもの、草とりフォーク、2本爪の草抜き具、潮干狩りで使うような熊手、立ったまま作業できる柄が長いもの、家庭で充電できる電動式根ほり機など、ちょっと迷いそうなほどの品ぞろえだ。

もういい。あとは実践あるのみだ。特別な道具を使おうとは思わない。扱い慣れた両手と、慣れ親しんだ移植ごてがあればいい。

雑草たちの深謀遠慮

ゴボウ根タイプは手で引っこ抜き、ひげ根タイプは手や移植ごてを動かして、根を掘り上げた。雑草の消えた地面を見るのは久しぶりである。

中国は春秋時代の兵法書『孫子』にいわく、「敵を知り己を知れば百戦危うからず」。なるほど、むかしの人はいいことを言った。予習をして臨んだのが幸いした。

それでも、思った以上に敵は手ごわかった。雑草たちは「深謀遠慮」を地で行くがごとく、根深く奥深い対策を講じていた。

ひとつには、予期せぬ伏兵の登場だ。根を引っ張れば、周囲の土が少なからず持ち上がる。すると数日後には、待ってましたとばかりに芽を出すタネがあった。抜くことが、太陽の光を浴びせるきっかけになるのだろう。

その一方で見落としていたのが、もともと地下に張りめぐらしていた地下茎や切れた根の残党だ。ゴボウ根がすっきり抜けたと思っていても、わずかに残ればそこから再生する。弱々しく見えたイネ科のひげ根でさえ、切れて残ればまた生えてくる。

ドクダミやスギナは地下茎がある限り絶えることはなく、孫悟空の分身の術のごとく、切り刻むことでむしろ増殖に貢献する。外来雑草のマルバツユクサなんぞは土中で閉鎖花をつくり、自家受精でタネを残す。それが残っていたら、ほどなくして芽が頭を出す。

雑草、おそるべし。ほんの切れ端からさっと復活しようという根性には、脱帽だ。

しかも、根絶作戦にはまだ、別の失敗があった。雑草の後続部隊がじきに現れないところの土がかたくなってしまうのだ。

新たな芽が見えなければ、根がきれいになくなったとみていいだろう。草とり大成功だ。ところが根が消えたことで生まれた土の中のすき間は、雨が降ったり水をかけたりするうちに埋まっていく。その結果、根詰まりしそうなかたい土になる。野菜を栽培するつもりなら、きちんと育てるためには別の手間が求められる。

とはいえ、雑草は生える場所を選ばない。車を置くスペースだったり、家や物置のまわり、隣家との間だったりしたら、土の硬軟は関係ない。いやむしろ、雑草が消え、そのあとの地面がかたくなった方が都合のいい場所だってある。そうしたところなら、根こそぎ引っこ抜くこの方法は有効だ。原因になる雑草自体が消滅するのだから、言うことはない。

それにもかかわらず手放しで喜べないのが、対雑草戦の悩ましさだろう。スズメノカタビラやメヒシバなんて、かちんこちんの土でも平気で根を張る。風で飛んでくる微小なタネは阻止しようがないし、鳥が落っことしたふんから芽生える雑草もあるだろう。そうなるとどんな場所でも再び、なんらかの手段を講じないわけにはいかぬ。

根を取り除いても根本的な解決にならないなんて、なんとも根が深い因縁ではないか。こうなったら、さらに深いところを探るしかないようである。

戦略 3

根こそぎだ！

大変度——★★★★★
現実度——★★★★
［ひとことコメント］
単に刈るより効果はあるが、労力が問題

雑草図鑑——③

ドクダミ

日当たりの悪い庭などにびっしりと生える。初夏から白い花が咲く。全体に独特な匂いがある。地下茎で増えるため駆除が難しい。古くから生薬として利用され、最近では食べられる野草としても人気がある。

戦略 4

土を入れ替えろ！

「草を全部、抜こうとしたの？　そんなの無理だよ。第一、もったいない」

「なんで？　なるべく根を残さないように、頑張ったのに」

「そんなことしたら、土が死んじゃうよ」

雑草を根絶やしにしようとしたことを農家のせがれに話すと、言下に否定された。

彼いわく、土は生きている。草の根は、そのいのちをつなぐのにひと役買っているのだそうだ。根があれば土の中に細かいすき間ができ、そこに有益な微小生物がすみつくという。

なるほど。ミミズのつくるトンネルに似ている。ミミズが通ったあとにできるすき間には水や肥料分がたくわえられ、トビムシやササラダニのすみかにもなる。それと同じで、草の根があればスポンジのような構造を持つ土ができると言いたいのだ。

「もっと早く教えてくれればよかったのに」

「だって、さっき聞いたばかりだろ」

おっしゃる通り。相談しなかったのが悪い。

土のことは、農家の人たちが詳しい。田んぼや畑は彼らの職場であり、その環境をしっかりみるのが毎日の仕事になっている。だから土のことで、彼ら以上のスペシャリストはいない。

土に注目してみる

農業と土で思い出すのは、1970年代に始まる米の生産調整だ。戦後しばらくは食糧増産が最重要課題のひとつで、主食である米の収量を上げたり、作付面積を広げたりするのに躍起だった。ところが次第に日本の経済力が高まり、健康志向や食の多様化によって米以外の食べ物にも目が向くようになった。

その結果、米の消費量が減り、在庫量がふくらんだ。そこで田んぼを、米以外の野菜や果物の栽培に使えるようにしようという政策が動きだした。それが生産調整であり、水田転作だ。

水稲を育てるには、水が要る。しかし野菜を育てようとすると、湿り気が邪魔になる。それならというので、大規模な改造計画が持ち上がった。

「田んぼに土を盛って、畑にすればいいじゃん！」

平たく言えば、そういうことだ。山から土を運んで田んぼを埋め、あれよあれよという間に新たな野菜畑や果樹園が誕生した。

規模は比較にならないが、この生産調整の話題から、雑草を亡きものにするための妙案を思いついた。簡単なことだ。雑草が生い茂る場所に、よそから土を持ってくればいいのである。

題して、「土の総とっかえ作戦」だ。

プランターやポットなら、園芸用土をそっくり交換すればいい。狭い花壇なら、同じように袋詰めの土を買ってきて使えばいい。だが、野菜を何種類か育てようとする菜園、物置や踏み石のまわり、家屋の周囲の未利用部分の土を入れ替えようとしたら相当な量が要る。費用だってかさみそうだ。

ということで思いついたのが、雑草が生えていないところの土とチェンジする方法だった。そうすれば、新しい庭として再スタートできる。われながら良い思いつきである。これならきっと、雑草をギャフンと言わせられる。

スコップで表層部の土を取り除き、さらに深く掘った。掘り出した土はその穴の隣に、どんどん積み上げる。

50センチほど掘ると土がかたくなったので、そこはそれで終わりにした。そしてまた、少し離れた場所に同じような土の山をこしらえた。そうやって、3つのタコツボ様の穴と土山が庭にできた。

次は、草ぼうぼうエリアの土の移動だ。ジャガイモを育てていたところだが、芋を掘り出したあとはそのままになっていた。そのちょっとのスキを雑草が見のがすはずもなく、

戦略4

土を入れ替えろ！

新しい土を買うか、深く掘って土を入れ替えるか……。早晩奴らはやってくる。

仲間を呼ぶかのようにして多種多様なミニ植物園をつくっていたのである。

ハコベ、メヒシバ、アカザ、シロザ、ヒルガオ、カタバミ、カラスウリ……。地を這うようにして葉を広げるものがあれば、ほかの植物にからみついて伸びるつる性植物もある。敵ながら、アッパレだ。見事なまでの美しい緑地ができている。

雑草が生い茂る表層部を、タコツボもどきを掘ったときと同じ要領ではぎとった。菜園にしていただけあって、土がやわらかい。

畝《うね》になっていた土を取り除くと、平らな地面が現れた。これでようやく、野菜を育てる前の状態だ。

力に余裕があるうちに、タコツボ横の盛り土をせっせと運ぶ。最小限の土掘りしかしなかったが、幸いなことに、取り除いた土の量と同じくらいだった。移動させること数回で、新しい菜園コーナーができあがった。

長靴で、その上を歩く。

分厚い靴底を通してごつごつ感が伝わる。

掘り出した土は、ごろごろしたブロック状だから当然だ。麦踏みよろしく、体重をかけて踏み崩す。土塊が次第にこなれていくのを感じる。

大きな塊がなくなると、平らなのにかたい感じの否めない土壌となった。土の色をしているものの畑の土には見えず、コンクリートのような感触である。農家のせがれが言いたかったのは、もしかしてこのことか。

生命感がない。死んだ土だと言われればその通りだが、雑草の気配もまったく感じられない。さすがは新しい土である。こうでもしなければ日の目を見ることのなかった、隠された土である。

ザマーミロ、雑草ども。土を入れ替えるということは、こういうことだ。もはや元の土地ではない。新天地にワープしたようなものである。

生まれ変わった土とその後

つるつるの赤ん坊の肌のように生まれ変わった区画を菜園として活用するには、土に栄養を与えなければならない。根やミミズの通り道が水や肥料の受け口になるように、土壌改良材として牛ふん堆肥を施し、元肥となる油かすも混ぜ込んだ。完ぺきだ。半月ほど寝かせ、それから野菜のタネでもまいてマイ・ファームとしよう。

雑草のない環境が手に入ると、身も心も軽くなる。近所のホームセンターに出かけ、野菜のタネ袋の前できょろきょろと目を動かした。野菜づくりで、これほど楽しい時はない。

その間、新菜園はほったらかしだ。狭い庭なので、チラ見程度にながめることはあるが、よしよし、きょうもそこにあるなといった、どうでもいい位置確認しかしない。そして近々まく予定の野菜のタネが芽を出し、葉を広げる様子、さらにはどっさりと収穫できるさまを思い描くのだった。

政策にのっとって田んぼから転換した畑には、立派な野菜が育っている。プロ農家の技があればこそだろうが、わが家の新菜園でもその何分の一かの生産性は見込んでいいだろう。

「もういいかな」

いよいよ、タネまきだ。

タネまきときて、思い出す絵画がある。肩掛け袋から取り出したタネを大地にまく農民を描いたジャン＝フランソワ・ミレーの『種をまく人』と、その絵に感銘を受けて描いたとされるフィンセント・ファン・ゴッホの『種をまく人』だ。ゴッホは敬愛したミレーの絵とは対照的な明るくまばゆい太陽を、黄金に輝く麦畑とともにキャンバスに配した。個人的にはゴッホの絵が好きだ。

輝く芽出しを期待して、新しい土でつくった菜園の前に立った。

と——。

タネをまくよりも早く、何ものかの若葉がいくつも並んでいるではないか。

「なんじゃ、こりゃ!?」

雑草の芽生えを紹介したハンドブックを持ち出し、せめて名前を知ろうとするのだが、これだと自信を持って言えるものはない。おそらく、たぶん、きっと、センダングサの一種やタデの仲間、クワクサ、ツルマメ、ツユクサ、ヨモギとおぼしきものが、いかにも生まれたばかりというイメージを強調するかのように土から頭を出していた。

草かんむりに「早」で「草」と書く。「早」にはとくに意味がないとか、太陽をイメージしたものだとか諸説あるようだが、素人的にはいち早く再生するものが「草」だと思えてならない。

原因あっての結果だ。草は、土があるから生える。

土を全面的に入れ替えても、雑草は生えてくる。持ち込んだ土の中に眠っていたタネが芽吹いたか、どこかから飛んできたものが発芽したのだろう。

苦労して土を入れ替えても、雑草が生えるのは避けられない。どこか変わったところがあるとしたら、以前とは異なる雑種が顔を出すということだろう。

戦略4

土を入れ替えろ!

大変度——★★★★

現実度——★★

［ひとことコメント］

時間が経つと元の木阿弥

雑草図鑑——④

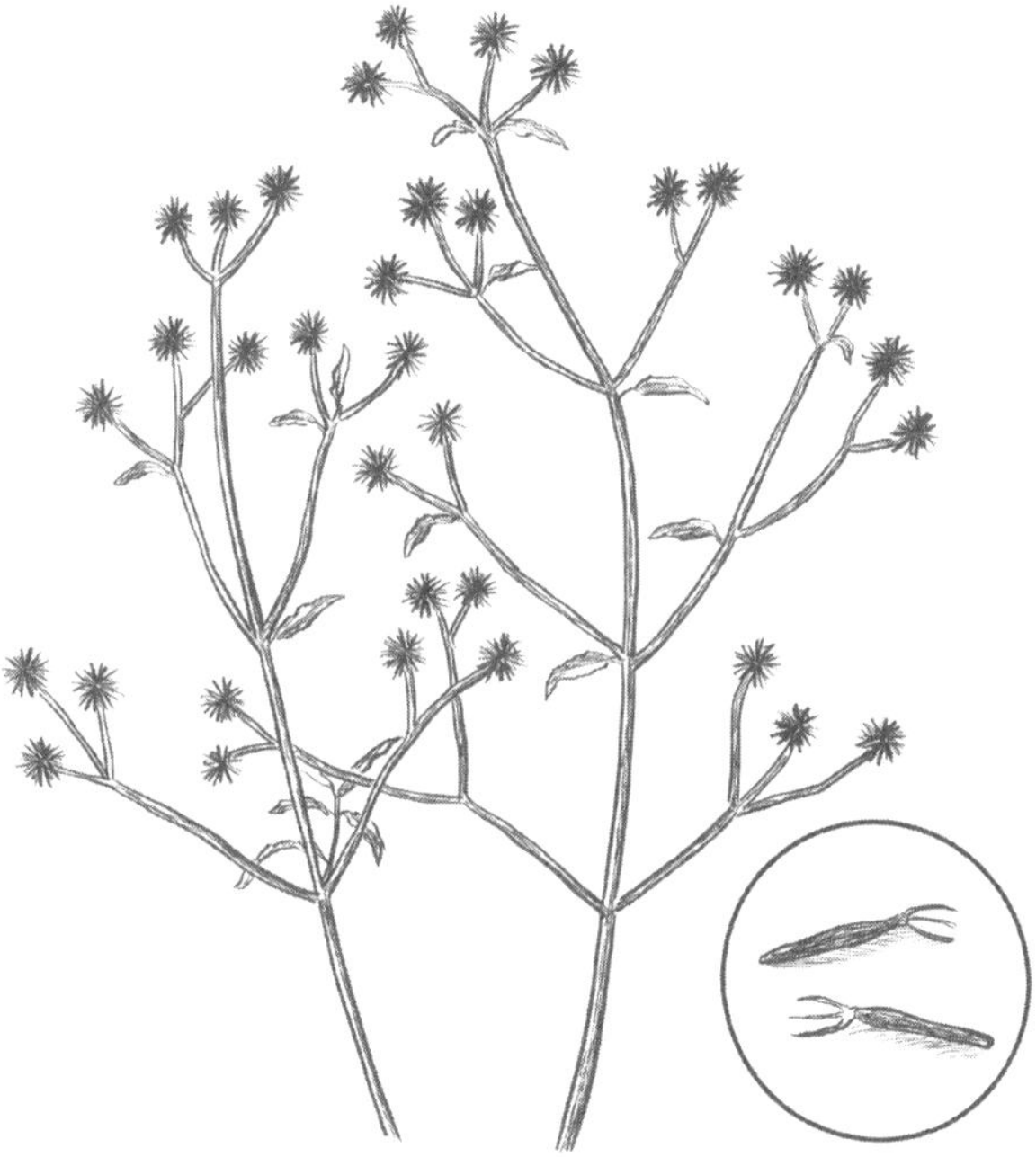

コセンダングサ

北アメリカ原産のキク科の一年草。空き地や土手などでまとまって生えることが多い。秋から冬にチクチクくっつくタネを球状につける。人やイヌなどにそのタネがくっついて広がる。

戦略5

焼きつくせー!

世界農業遺産に認定された宮崎県の「高千穂郷・椎葉山地域」の焼き畑は、縄文時代から続く日本古来の循環型農法だそうだ。焼き場を毎年変えながら山を焼き、自然と農業をうまく両立させてきた。

雑草はわが家だけでなく、野菜や草花を愛する多くの人々、作物・植物に関心はなくても家やそのまわりに雑草があるのは許せないという人々にとって、邪魔ものでしかない。だが、土のある住まいを選んだ時点で、雑草との付き合いは始まっている。土があるから、雑草は生えるのだ。

ここでもし、焼き畑のまねごとをしたらどうなるのか。かの地域のように、焼いたあとで作物を育てることは考えない。とりあえず、目の前から雑草が消えればいいのだ。

とくれば、試す価値はある。

いわば、雑草焼き払い作戦だ。

焼くといっても、土地のほんの一角を焦がすだけである。でっかい地球のことだ。毛を一本抜かれたほどの痛みも感じまい。まちがっても、土の奥深くにすむ生物すべてを消滅させることはない。それに縄文時代から続く農法に学ぶものだから、とがめられることもないだろう。

そのための道具もちゃんと存在する。軍事用ではないという意味で民生用火炎放射器というオソロシゲな名前が付くが、平たくいえば草焼きバーナーである。主な燃料はガス、灯油で、除草バーナーとかグラスバーナーと呼ぶ人もいる。

近ごろは料理にだって、トーチバーナーを使う。ブアーッと火を吹きつければあっという間にあぶり料理ができるのだから、料理人もさぞかし重宝していよう。

そのトーチバーナーの除草版が、草焼きバーナーだと考えればいい。草刈り機を操作しにくい田んぼのあぜや畑のまわり、石組みや砂利を敷き詰めたところから生えてきた草を取り除くのに、威力を発揮する。雑草と対峙する際に使わぬ手はない。

「いやあ、楽ちん楽ちん。草刈り機より、ずっと楽や。もっと早く、使うべきだったなあ」

予想以上の使い勝手に喜ぶ兼業農家がいる。彼が使ったのは、灯油式の草焼きバーナーだ。農地のように広い場所での使用には向かないが、自家用野菜の畑や庭の一角の雑草処理なら十分に使えるとご満悦だ。

使用時には、予熱・加圧が必要になる。その手順を踏まずに着火すると、液体である灯油に火を注ぐことになる。

学生時代、こんな経験をした。買ったばかりのオーストリア製ガソリンバーナー「ホエーブス」625、通称「大ブス」を持って山に行ったときのことだ。

なんとも情けないことに、正しい使い方を知らなかった。テキトーな予熱をしてバーナーに火をつけると、気化しきっていないホワイトガソリンに引火したのだろう、新品ピカピカの「大ブス」が破裂したのである。

ボンッ!

それで一巻の終わりだ。貧乏学生にしては思い切った買い物だったので、思い出すと悔しさがよみがえる。だがその経験があるからか、その後は新しい商品を買うたびに、マニュアルにはひと通り目を通す習慣が身についた。

そんなこともあって、灯油式の草焼きバーナーで予熱が重要なことはよくわかった。用法を守れば、見苦しく枯れ残った草はもちろん、生の草もボーボーと燃え、水分を奪われてしおしおになる。

庭やちょっとした空き地、家庭の菜園コーナー程度なら、灯油式よりもっと簡便なガスボンベ式バーナーの方がいい。手軽であることは、多くの除草マニア(そう呼ぶのかどうかは疑問だが)にとって重要な条件となる。トーチバーナーであぶり料理をしたり、同じような仕組みの器具をアウトドアで使ったりしたことがあればなおさらだ。

農家さんがあぜ草などを燃やしているのはよく見るが、草を処理したい面積にもよる。

虫も殺す「焼き」の効果

草焼きバーナーを使うメリットを整理すれば、こんな感じだろう。

①手を汚さず、手間もかけずに、にっくき雑草がせん滅できる。雑草にとっては灼熱地獄だが、とりあえず、雑草の立場では考えない。

②目に見える雑草を滅ぼすだけでなく、その子孫となるタネも焼きつくす。倫理的にはよろしくないが、それにもまずは目をつぶる。「後顧の憂いを断つ」という意味では、なんとも効果的だ。

③害虫予備軍となる昆虫やナメクジといった邪魔なムシも、同時に排除できる。それらを見るだけで虫唾が走るような人にとっては絶好のチャンスでもある。

④見たくても見えないミクロの病原菌類まで、一気に滅ぼせる。本当に退治できたかどうかは、その後に育てる植物の状態を見ないとわからない。とはいえ、理屈のうえでは排除できるはずである。

⑤草焼きバーナーで処理した雑草のなれの果ては草木灰だ。それはすなわち、野菜や草花を育てる際の肥料になる。虫が混じればカルシウムも補えるので、いのちは無駄にならない。雑草と一緒に亡きものにした虫に対する罪の意識も、いくらかは軽くなる。

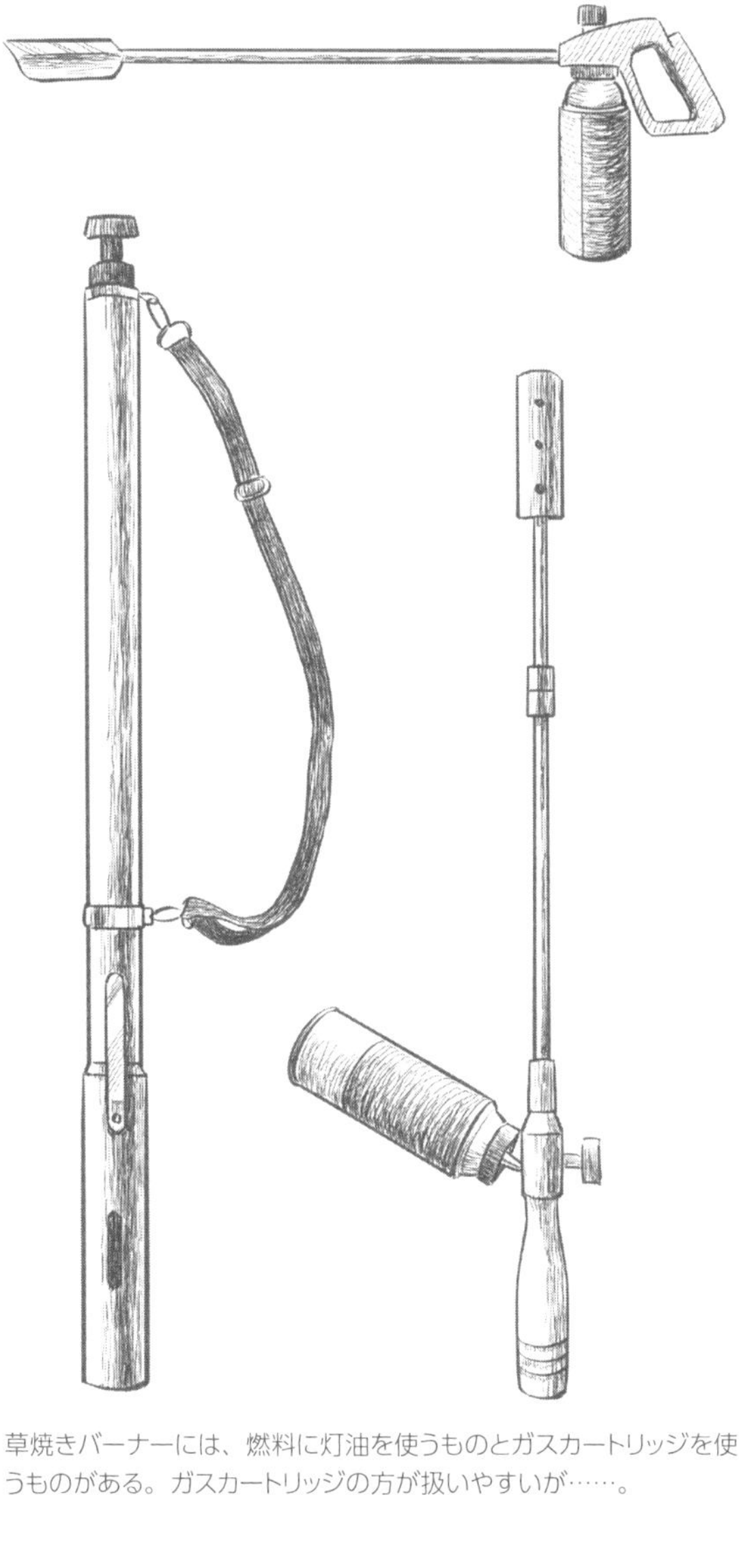

草焼きバーナーには、燃料に灯油を使うものとガスカートリッジを使うものがある。ガスカートリッジの方が扱いやすいが……。

とまあ、こんなところが草焼きバーナーの使用で期待できる・期待したい効果だろう。「とにかく、虫が大嫌い！」という人なら、まさに一石二鳥。イヤーなものがひとつの道具、ひとつの作業で片づけられるのだから、願ったり叶ったりである。

一般的な草焼きバーナーの温度は、1200〜1500度だとか。雑草を灼熱地獄に投じようとするなら、十分な温度だろう。それに、入門的なものなら数千円で手に入るのもありがたい。コストパフォーマンス、費用対効果を考えれば、及第点をやれそうな器具だ。

それならと、すぐに手を出したくなる気持ちはよくわかる。慎重派なら、まずは安価なガスカートリッジ式の商品で試してから、より威力のあるものを購入しようと考えるかもしれない。だが、仮にも雑草やムシたち、病原菌類のいのちを奪う行為ではある。メリットと併せて、草焼きバーナーのデメリットもきちんと考えるべきだろう。

使い方を誤ると効果がないばかりか危険でもあることは、「大ブス」で体験した。自分が被害者となったとたん、草焼きバーナーの火力の強さは大きなリスクとして身にはね返る。とくに灯油式では、衣類への引火に気を払わないといけない。

ガスカートリッジを装てんするだけでいい簡便タイプは扱いやすいが、使用範囲は限られる。製品による差はあるものの、30分程度しか使えない。カートリッジの交換も面倒だ。そう考えると、コスト的にも精神的にもよろしくない。

それに草焼きバーナーを使う理由が雑草管理だとすると、草木灰ができることは手放しで喜べない。肥効は植物全般に等しくもたらされるから、雑草の栄養にもなる。雑草を焼き払う行為が雑草に力を貸すことになるとしたら、本末転倒である。

病原菌も同様だ。土壌病害や栽培する植物の病原菌だけが死滅するならうれしいが、1500度の業火が菌類を選り分けることはない。できれば残ってほしい有用な菌類とも、オサラバするしかないのだ。その損得を天秤に掛けたら、はたしてどちらに傾くのだろう。

「あかん。せっかく焼き払ったのに、また生えてきよった。雑草は、ちっとやそっとの火では倒せんわ」

くだんの兼業農家の後日談だ。

驚くほどの高温でタネまで焼き倒したと思えても、生き残るタネや根はある。除草回数がいくらか減るといった程度の期待ならがっかりせずに済むが、草焼きバーナーを過信してはいけないようである。

約4500年前から続くとされる焼き畑農法を守る宮崎県椎葉村にはもともと、50種ぐらいの植物しかなかった。ところが焼いたあとの調査では、300種にも増えていたという。

火入れに際しては、「ヘビやカエル、虫けらは早々に立ち退きたまえ」といった唱えごとをする。山は焼いても、いのちを無駄に奪うことは避けたいという思いの表れだろう。
そんなあれこれを聞くと、草焼きバーナーで焼いたあとの地面から、それまでなかった雑草が生えてくるのも理解できる。虫や菌類のことも考えようという気持ちにもなる。そうなると、雑草を焼きつくすことはあぶり料理ほど簡単でないことがわかり、手が止まった。

戦略5

焼きつくせ！

大変度――★★★
現実度――★
［ひとことコメント］
危険だし、個人宅では無理がある

雑草図鑑――⑤

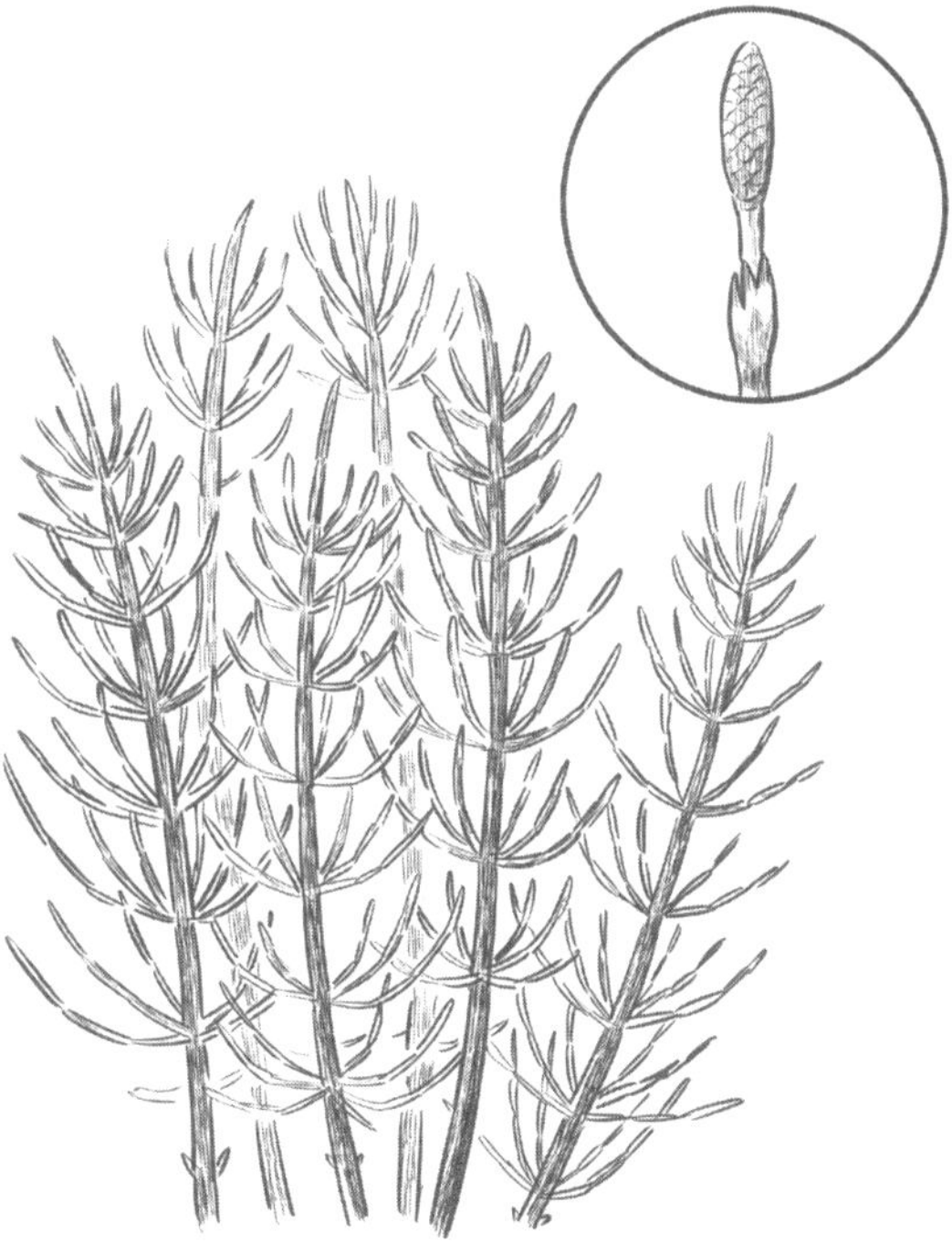

スギナ

春にはツクシを出すことで知られるシダの仲間。ツクシの後に出てくる杉の葉のような草姿が名前の由来。地下茎で増え、繁殖力が強い。駆除がとても難しい雑草のひとつ。

戦略
6

光を遮れ！

何年も前から、メダカを飼っている。

にきび面の中学生のころ、大学のえらい先生が「チヂミメダカ」なるものをつくり出したという新聞記事を読み、それから数十年の時を経て出会った「ダルマメダカ」こそそれではないかと思い、飼い始めた。簡単にいえば、寸詰まり体形のメダカである。

困るのは、近年の夏の異常な暑さだ。何度も何匹も、1日にしてゼロにした。水温が40度を超すと危ない。それで冷水を足したり、氷を浮かべたり、水槽の置き場所を分散させたりした。一時は4匹に減ったが、増殖に力を入れたおかげで、いまはけっこうな数の子孫が泳いでいる。

意外に効果があったのは、家の北側に置いた水槽だ。単純に気温が低いと考えた結果だが、あらためてその場の特徴をみると、日当たりが悪く、ゼニゴケやシダなどが勢力を誇る領域だった。ハーブ類も幾度か植えたが、いつの間にか消滅した。南側に植えた方は、雑草のごとく繁茂している。

なにしろ狭い猫庭なので、南側に植えた野菜の生育も隣の家の影に左右される。日がよく当たるかどうかは、植物にとって重要な条件だ。

――これだ！

天啓のごとくひらめいたのはなんてこともない、光を遮る抑草対策である。はからずも夏のメダカ、自然消滅するハーブが教えてくれた。光が当たらないようにするのはなんとも単純で、明快な対策になる。多くの植物にとって、太陽の光が満足に浴びられるかどうかは、生死に直結する一大事である。

とくれば、あれだ。

何年経ってもミニトマトひとつまともに育てられない万年素人だが、経験年数だけは30年を超す。だから、農家の人たちが使うマルチフィルム(マルチシート)の存在ぐらいは知っている。その技術がマルチングと呼ばれることも、もちろんだ。マルチフィルムもマルチングも同じだと思われているフシがあるが、資材と農法のちがいがある。

近所のホームセンターへ走った。黒いゴミ袋を開いて使うこともできそうだったが、この際、農業界で有名なマルチフィルムを使ってみたかった。千数百円の投資で、1メートル幅・長さ50メートルほどの商品を手に入れた。食品でおなじみのラップの芯を長くしたような紙筒に、黒いフィルムが巻きつけてある。

――これだ、これこれ。

自然に口角が上がる。気分はもう、完全勝利だ。雑草ども、観念しやがれ!

5月ごろだった。野菜の苗を植える直前だったので、すべり込みセーフである。

土をならし、初めて手にしたマルチフィルムを慎重に、ゆっくり広げた。といってもたいした面積ではないので、うまい・へたもなく、すぐに張り終えた。

一般的なマルチフィルムの色は黒だ。商品説明にもあったが、太陽光の透過を抑え、雑草が生えにくくする。いままさに必要な、抑草にぴったりの資材である。

白黒マルチフィルムという選択肢もあった。表が白、裏が黒いフィルムで、値がやや張る。その分、いっそうの抑草効果が期待できる。しかしビンボー菜園家はケチでもあるので、まずは値段と相談して安い黒フィルムを選んだ次第である。

白黒フィルムの表側が白いと、害虫対策にもなる。太陽光が反射し、アブラムシやアザミウマにいやーなまっ白ビームを送る。光をはね返すため、地温も上がりにくい。したがって、夏場に使うのがいい。

緑色のマルチフィルムもある。赤と青の光を通しにくいのだが、抑草という点では黒いフィルムに勝てない。

準備は完了。まずは、マルチングのお手並み拝見とした。定植した野菜苗はミニトマト、ナス、ピーマンだ。

1週間後。雑草は動きを見せない。効果が期待できそうなので、別の場所にも張った。

2週間。まだ何も生えてこない。

3週間が過ぎるとフィルムのすそあたりに小さな雑草が目立つようになったが、それは

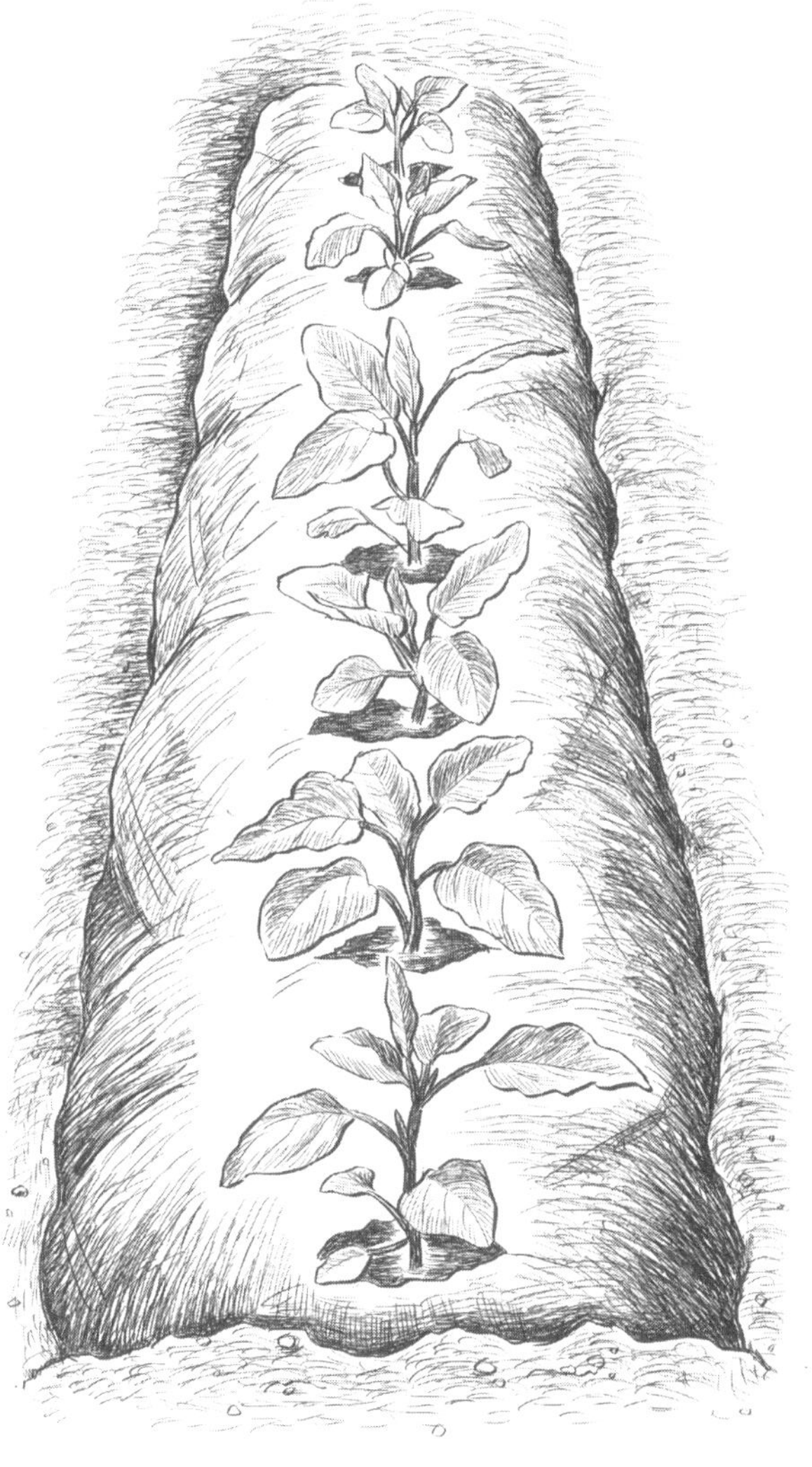

菜園的マルチング。丁寧な仕事には一定の効果がある。しかし、庭となると美観的にどうなのか？

フィルムの外だからしかたがない。わが黒フィルムは、価格の割には健闘している。

そのうち、フィルムを突き破るものが現れた。家を建てる前からあった笹だ。地上部をカットしてもすぐに再生する厄介者であり、力も強い。

笹が突破口を開くと、その穴のすき間から光が入る。すると笹がこしらえた小さな裂け目を目指し、別の雑草がフィルムの下をくねくねと動きまわって顔を見せた。

ツユクサやドクダミは地下茎があれば生きていけるから、始末が悪い。先っちょが地上に出たあとは水やりや降雨のたびに勢いを増し、フィルムがどこにあるのかわからないほどに伸び広がった。確かな効果があると認めた展張場所でも、同じようにして姿を見せるものが現れた。

張った場所によって差が生じるのはしかたがない。完全とはいえないまでも、一定のマルチング効果はあったというべきだろう。

マルチングもいろいろ

「うちは鉢植えの観葉植物が多いの。草がすぐに生えてくるんだけど、なんとかならないかしら。鉢植えにまで、除草剤は使いたくないわ」

雑草マルチは草刈り後の廃物利用だが、効果は限定的？　場合によってはタネまきをしていることに……。

雑草の話をしているとき、そんな相談を受けた。わが家の場合には庭の雑草に手を焼くが、マンション暮らしの人たちはそうしたポットにいつの間にか生えてくる雑草が第一の敵なのだ。

どれくらいのポットなのか、サイズは聞いていない。でもまあ、室内に置くくらいなら、こまめに草をとればいいじゃん。

と思ったものの、さすがに口にはできない。

「そうですねえ。それだったら……」

ちょっと考えて授けた知恵は、小規模なマルチングだ。農家がどんなふうに活用しているかを話し、わが実体験も交えながら、光を遮ればよろしかろうと伝えた。知ったかぶりをして……。

屋内の鉢植え植物の抑草にも、遮光が効果的なのは確かだ。ホームセンターなどでポット用の防草シートも売っているし、バークチップやウッドチップ、小石を敷き詰める手もある。

天然素材である稲わらやもみ殻、引っこ抜いた草を使う伝統的なマルチング手法もある。何を使うかという差はあっても、光に当てないようにすれば多少のしてやったり感は味わえるだろう。

宮崎安貞《やすさだ》の『農業全書』をまたまた思い出した。「芸る」「耘る」を「くさぎる」と読むのだと教えてもらった指南書だが、「鋤芸《じょうん》」の項に「耔」と書いて「くさおう」とある。つまり、抜いた草が十分に枯れたら株元に敷くとよろしいといった教えだ。書棚に戻しながら、それは雑草を使ったマルチングだと気づいた。

枯らした雑草をマルチフィルムの代わりにするにしても、草種は選びたい。ツユクサやスベリヒユ、オオバコ、ドクダミのような広葉雑草は発根しやすいから、使うべきではない。イネ科雑草でも、メヒシバやスズメノカタビラには期待できない。だったら何がいいのか気になるが、主に農家向けの情報としては、ススキやチガヤの名前が挙がる。しかし、それらをわざわざ刈り取ってきて家庭菜園で使う人は多くないだろう。

果樹園なら、「草生栽培」の例もある。わざと草を生やし、環境保全に努めながら自然の力で肥効・防虫効果も期待しようという考えだ。雑草対策に絞った「草生マルチ」という用語もあるので、草生栽培の一部が草生マルチということになるのだろう。

そして、ゴミが残るのだ

ともあれ、光を遮るように地面を覆えば、雑草に一矢報いられる。おだやかな気持ちのうちに、夏野菜のシーズンは終わった。

そして、重大なことに気がついた。

マルチフィルムを敷いたままでは良かったが、収穫後に用済みとなったら、それを片づけないといけないのだ。ズボラなことではだれにも負けない自信があるのだが、しかたなくはがそうとすると……途中で破れて、処分するための手間が増える。珍しくほめた対策だったのに、ごみが増えたり、ちぎれ飛んだりするのはかなわない。意外な落とし穴があったものである。

そんな面倒を省くために、生分解性マルチフィルムが存在する。土にすき込めば、数カ月のちには二酸化炭素と水に分解する。だがしかし、販売するための作物を広い畑で育てる農家ならともかく、ビンボー菜園家にはやっぱり縁がないように思えてきた。

マルチングが有効な雑草対策であることは認めよう。だからといって市街地の狭い庭に黒いビニールカバーのようなものがぺたんと張りついていたら、美観をそこねる。周囲から、奇異の目で見られるかもしれない。そんなのは無視するとしても、フィルムのすき間から再生した雑草が現れたり、フィルムを突き上げてきたりしたら、がっかりだ。シーズン後に片づけたり、翌年また張り直したりする手間も要る。

草生マルチの発想も悪くはない。あやしげな黒カバーに比べればずっと自然だから、見た目にも問題はない。その代わり、雑草を防ぐために生やす植物の間から、予期せぬ雑草が顔を出すのは避けようがない。土があって光や雨が当たれば、どんな雑草が芽を出してもおかしくない。

そんなあれこれを考えると、素人がマルチング効果を享受するのは難しい。束の間の達成感は味わえても、草とりが再び必要になるのは目に見えている。なんとなく新鮮な響きのある「マルチング」だが、さらにほかの手を考えた方が良さそうである。

戦略 6

光を遮れ！

大変度――★★★★

現実度――★★

［ひとことコメント］

庭として美しいかが問題か

雑草図鑑――⑥

エノコログサ

通称「ネコジャラシ」と呼ばれるイネ科の一年草。アスファルトのすき間などからも生える。秋にはまさに、ネコジャラシのように房状の果穂を下げる。スズメがそのタネを食べる姿をよく見かける。

コラム

草と虫のゴシップ情報

目の前にある草を雑草と呼ぶか、山菜、山草と呼ぶかによって、印象はずいぶん異なる。山菜や山草なら、うまくすればカネになる。雑草は邪魔者でしかないから、雑草と認識した時点で取り除こうと頭を働かせ、汗だくになって草とり・草刈りをする。

その一方で、そんなこと知ったこっちゃないと、雑草を「食草」として自分たちの生きる糧、種を維持するための命綱にする虫がいる。何種類もの草を食べる虫はジェネラリストと呼ばれ、特定の草しか利用しない虫はスペシャリストと名づけられた。

雑草を減らしてくれるなら、どちらでもありがたい。しかし、作物まで食草の一種とみなしたり、毒虫として人体に害を及ぼしたりすると、とんでもない悪い虫、憎き虫となる。ヒトはわがままな生き物だから、いっそのこと、虫と草の契約関係が利用できないか？

たとえばシロツメクサだ。ひとたび根づくと大群落になるが、食草にするモンキチョウやヒメハナカメムシ類は喜ぶだろう。シロツメクサで増殖したヒメハナカメムシ類は、野菜害虫であるアザミウマ類の天敵として働く。それにシロツメクサが生える近くのキャベツには、害虫が寄りつきにくいといわれる。

ヨモギにアブラムシが群れると、テントウムシがやってくる。そしてアブラムシを食べて仲間を増やし、野菜や草花の汁を吸うアブラムシを襲撃する。結果としてヒトに利する、雑草あっての漁夫の利だ。

一方で、コオロギのような虫もいる。雑草のタネを食べる点では益虫になるが、野菜の葉もかじる。そうなれば害虫に転落だ。だがそうした草と虫のゴシップも芸能ネタ同様に面白いと思うのだが、いかがだろう。

戦略
7

蒸し焼きだー！

暑い。どうしてこんなに暑いのだ。

そう言うようになってもう何年も過ぎた。地球温暖化という言葉を聞けば当たり前のように脳みそに届くが、「温暖」なんて生ぬるい感じではない。肌がじとじとべったりして、蒸し風呂に入れられたような気になる。

するとよく、こんな話になる。

「それでもサウナに入ると、気分爽快になるんやけどなあ」

フィンランド発祥とされるサウナと日本古来の入浴方法である蒸し風呂は、似て非なるものだ。しかし、そうしたやりとりをするだけでさらに暑く感じるから、テキトーなところでうなずき、話題を変える。

わが家の狭い庭に、見た目だけは立派なビニールハウスがある。実際には、市販の雨よけ栽培キットに少し手を加えただけの手づくり感たっぷりの「ハウスもどき」である。狭い場所に設置したこともあり、入り口近くが「くの字」形に曲がっている。

それはともかく、冬場でも日中は30度を超すから、ハウス感は味わえる。ただしそれは昼間だけのことで、夜になれば小松菜さえも凍りつく。地続きなので、夜は外気温に右ならえとなるのだ。

夏場はすっと40度を超え、両サイドを開放しても熱帯並みの環境である。そのハウスもどきでミニトマトやニガウリを栽培するせいか、まともな収穫物は得られない。

そんなハウスもどきで勢いのあるのが、雑草だ。土がすぐに乾くし暑いから、毎日の水やりは欠かせない。それが雑草を増長させるのか、ぐんぐん伸びてくる。肥料はもともと不足気味なのに、そのなけなしの養分を雑草が吸いとっているとしか思えない。

いっそのこともっと暑くなれば、雑草だってハウスもどきに根づいたことをうらむだろう。そう考えたこともある。しかしその前に自分がダウンしそうで、相変わらずの雑草天国だ。

カタバミ、ドクダミ、エノコログサと、科を問わず、数種類がわが世の春を謳歌する。せめてものなぐさめは、飼っている虫のえさにするツユクサもその中にあることか。よそに探しに行く手間だけは省ける。

蒸し焼きという方法

農業界では、透明シートを張って雑草や土壌中の病害虫を蒸し焼きにする方法が知られる。土壌表面を覆い、太陽熱をガンガン注ぎ込む。だから一般には、「太陽熱消毒」と呼ばれる。

雑草対策に限れば、こんなメリットがよく紹介される。

①農薬を使わないため環境への負荷が小さく、安全性も高い。
②使い古したビニールでも可能なので、費用はそれほどかからない。
③広い範囲にわたって効果が期待できる。

当然だが、デメリットもある。

①ソーラー発電と同じように、太陽が出ないと力が発揮できない。
②日照時間や気温にも振り回され、安定した成果が望めない。
③ずっとそのままにすると、土壌が乾きすぎる。

良い点、悪い点、どれもなんとなく理解できる。だが、これは広い畑に用いる技術だ。雑草に関しても、土に混じる種子が対象であり、青々と茂っているものは対象にしていない。透明シートで地面を覆って太陽に当てれば、雑草が蒸されて死滅するというわけではないのである。それに農業技術の一環というだけあって、けっこう細かい注意がある。

一定の広がりがある場所なら試すことはできる。ただし、細かなテクニックが必要らしい……。

畑を前提に、実際のやり方をみてみよう。

プロのテクニックは細かい

初めに、畝《うね》を立てる。タネをまくわけでも苗を植えるわけでもないのだが、きれいな畝を立てないとうまくいかないようだ。

この技術にはそもそも、雑草が生えている場所を蒸し風呂状態にしようというねらいはない。収穫後の畑を一度クリーンな状態に戻してから次の作物の栽培に供しようというのが、太陽熱消毒の基本的な考え方だ。１９７０年代末、イスラエルで生まれたとされる。

雑草の種子をダメにする効果もあるのだが、あらためて呼び名の字面を見ると「消毒」とある。そこには、何が何でも畑をリセットしてやるぞという強い意志が感じられる。よりはっきりと「太陽熱土壌消毒」と表記することもあるのはそのためだろう。

収穫後の畑をまずは、ささっときれいに片づける。堆肥や肥料を使う予定があるなら、それもちゃちゃっと散布し、耕しておく。しかるのち畝を立てるのだが、その高さは20センチ以上、畝幅は60〜１２０センチが望ましいという。

それくらいの畝を立てることで、覆ったあとに発生する水分が排出しやすくなる。蒸すような感じにはなるが、畑の土がじめじめしてはいけないのだ。もちろん、その土地の土質や水はけ具合によって調整が必要になる。

準備が済んだら、水をまいて畑を湿らせる。その水分含量は50~70%が適切だという。だからといって一度に大量の水を流すと、せっかくの畝が崩れる。水はやさしく散布するのが肝要で、用意できるところでは、灌水チューブを活用する。

素人菜園家にはなんだか腫れものにさわるような対応に思えるが、そうやって適度に湿らせることで太陽熱が伝わりやすくなり、土の中の雑草種子や病害虫にダメージが与えられる。アドバイスには、従う方が良さそうだ。

きちんと灌水すれば、そのあとにかぶせる透明シートも張りつきやすい。その結果、太陽熱を効果的に封じ込めることができるというわけである。

透明シートを張る際にも、注意すべきことがある。きれいに張ったシートの両側のすそには溝を切り、土を戻してシートを押さえるのだ。強風でシートが飛んでは元も子もない。それくらいなら、マルチングの際に同じようなことをした。シート押さえピンやマルチスティックをところどころにぶっ刺して、雨風に備える。

透明シートで覆ったら、あとはおてんとさんのごきげん取りだ。望ましいのはなるべく晴れた日が続くことだから、たいていは梅雨明け後から9月上旬までの間に処理する。

「あとは、ほったらかしだな。おてんとさん、よろしゅう頼んまっせ！」

そんな気になっても、だれも責めはしない。日中の最高気温30度以上の日が1カ月あればいいとか、畝の30センチ下の地温が40度以上の状態を10日ほど保たれよといった細かい指南もあるが、太陽の照りつけ具合で変わってくる。

とりあえず守るべきは、「4日間は平均気温30度を確保せよ」というアドバイスだろうか。梅雨が明け、天気予報と相談しながら、晴れの日が続きそうなときをねらって粛々と準備をするのが無難だろう。

それにしてもなぜ、そこまで細かな数字が示せるのか。

それが科学だ。深さ30センチの地温×日数から割りだす積算温度が８００度を超せば、処理は終了していいという研究データがある。仮に地温50度の日が16日間続けば掛け算の答えは８００度となり、条件クリアとなる。自分で試したわけでもないが、そうなればひと安心だ。

――と思ったらまちがいで、数字はもうひとこと言いたいようである。

いわく、積算温度はできるだけ９００～１０００度にするのがいいね、と。地温を測るだけでも面倒なのだが、温度記録計なるものも存在するから、その力を借りればいいらしい。だがそれも、素人にはハードルが高い。実際に取り組む段になっても、そこまでしたくはない。

もっとも、太陽熱消毒をしたいなら、それくらいの覚悟は必要らしい。農家の人はかくも大変なことを平然とこなすのだから、頭が下がる。凡人にはとてもまねできそうにないのだが、それらは規模の小さい家庭菜園も含めての説明なのだそうだ。そう聞いたら、手をつけてもいないのに、早々とやめたくなる。

実際にはどうなのか。

農家の知り合いに尋ねた。

たいていは1カ月もしたらシートをはずし、地温が下がったのを確かめてから、耕すこともなく、タネをまいたり苗を植えたりするようだ。研究データが示すだけの効果があるかどうかはわからないが、雑草が生えず病害虫も発生しないならまずはめでたしだろう。

ああ、それなのに……話の最後には、オマケのご託宣があった。

「雑草が生えてくるようだったら、消毒が不十分だったということさ」

もはや、何をかいわんやである。

戦略 7

蒸し焼きだ！

大変度――★★★

現実度――★

［ひとことコメント］

プロ向けの方法かな

雑草図鑑——⑦

ツユクサ

梅雨のころから美しい青色の花を咲かせる一年草。万葉集にも詠われるほど古くから知られる。地上部を除去しても地下茎や根から広がり、根絶が難しい。

戦略 8

固めてしまえ!

「ド根性野菜」なるものがひところ話題になった。舗装道路のちょっとしたすき間からひょこりと顔を出し、運がいいとそのまま実をつけたり、根部を肥大させたりする。最初にそのネーミングにした人はたいしたものだ。

雑草なら、もっと頻繁に見かける。だが、根はあっても、根性があるとの評判は聞かない。「ド根性野菜」に負けない底ぢからを見せ、堂々と繁殖しているのになんというちがいだろう。

いかん、いかん。ついつい、雑草に同情してしまった。できれば雑草どもには、根性も根も捨ててほしい。

とりあえずはタネで増える雑草を考えると、カタバミにしろノゲシ、エノコログサにしろ、タネが飛んできて発芽するところからスタートする。つまり、その出発点を邪魔すればいいわけだ。

ある日あるとき、風に乗ってビューンと飛んできた雑草のタネがあるとする。それが着地した場所が彼らの新天地になる。

そこに土があれば、大喜びだろう。雨が降れば、さらにうれしいにちがいない。太陽の光はたいてい、なんとかして浴びられる。

そんな小さな条件を満たせば、「ド根性雑草」は自分の物語を始められる。

ということは、とりあえずのヤツらの希望の星である地面にたどりつけないようにすればいいのではないか。

なんとも簡単、子どもにだってわかる道理ではないか。

固めるのがうちの庭なのか!?

わが家の庭の一部は、駐車スペースにしてある。そこにはコンクリートを打ち、地面の顔である地表部を覆っている。二十数年になるのに、草の一本も生えてこない。灯台もと暗し。文字通り、わが足元に雑草抑止の解はあったのだ。

しかし、である。だからといって、庭全体をコンクリートで固めたら、草は生えなくても野菜を育てることができない。せっかく植えた庭木だって、根元・株元を固められては息苦しくて生きた心地がしないだろう。

花よりさきに実のなるやうな
種子よりさきに芽の出るやうな
夏から春のすぐ来るやうな

そんな理窟に合はない不自然を
どうかしないでゐて下さい

詩人・高村光太郎は「智恵子抄」でうたっている。恋心とコンクリートはずいぶんちがうけれど、言いたいことは同じだ。角を矯《た》めて牛を殺すのと変わらない。

庭に植えた木の花を愛でたい。狭いながら菜園をつくり、わずかでいいから自分の手で育てた野菜を食べたい。雑草を相手にグウの音も出ないようにすることはできても、そうした楽しみを奪われたら、なんのための雑草対策か。

わが家ができたあと数年を経て建った近所の家々は、雑木林をつぶしてできた。そして、多くの家は庭もコンクリート張りにして、地面を隠している。

土いじりがしたくて一戸建てを望むわけでもないのが近年の風潮なのか。そうすれば、雑草に悩むことも恨むこともなく暮らせる。平和で心安らぐ日々が送れるかもしれない。まさに、コンクリ固めの必殺技！　それはそれで、なんともすばらしい雑草対策になっている。

――と思っていいのか？

ひと様のすることだから口は出さないが、わが流儀ではない。菜園コーナーのまわり、

固めてしまえ！

流して固めるだけだから意外と簡単。しかし、景観的にどうなのか？　そして割れ目から顔を出す雑草も。

踏み石の周囲ぐらいは何かで固めてもいいかもしれない。だが、土も粉もこねてみないことには、土器にも麺にもならない。

手っ取り早いのはなるほど、コンクリートだろう。砂とセメントを混ぜて塗れば、しっかり固まる。乾ききれば雨が降ってもぬかるまず、耐久性もある。それは認める。わが家の駐車スペースは職人に頼んだが、地面のほんの一部を塗り固めるくらい、造作もない。だが実際には、砂とセメントの混ぜ具合がなかなか難しい。子どものころから、大人をまねて何度かこねてきたが、満足できる仕上がりになったためしがない。

砂の代わりに、砂利を使う方法もある。しかしそれだって、適切な混合割合がつかめない。あちこち塗りたくって試せばうまくいくところが出てくるかもしれないが、どこもかしこも固めるつもりはない。

子どもだった1950年代にはまだ、土間をよく見かけた。土と消石灰、にがりを混ぜてたたき固め、かたくて強い「三和土《たたき》」になっていた。セメントが普及する以前の技法で、3種類の材料を用いることが三和土の由来だろう。

「たたき」といえば「カツオのたたき」かと思われるのが関の山だが、現代の住宅ではタイルやモルタルでおしゃれ感を演出した新タイプの三和土が普及している。だが、その名前がどこまで使われているのかはよく知らない。

それはともかく、日本の伝統技術を生かし、自然に溶け込むような三和土風の防草策を講じれば、なんとかなりそうに思えてきた。三和土っぽい仕上がりになれば、地面にもなじんで違和感はないだろう。それになにより見た目が自然だし、水で濡れても滑りにくい。いいことずくめのように思える。

とはいえ、施工場所の土の種類やその日の温・湿度によって配合割合を変えねばならんと聞く。それほどの専門的な知識と技術が求められるから、素人の手には負えない。

悩んだらホームセンターに行け

コストも手間もかけた三和土のようにすれば雑草も平伏するだろうが、なんだかちょっと大げさだ。見栄えは多少劣っても、もっと現実的な方法でなんとかならないか。

実際に手を動かすことなく悩むだけ悩んだあと、草花の苗を買いにホームセンターに出かけた。英国風ガーデニングが一大ブームを巻き起こして以降、サフィニアに続く花苗が次々と登場し、種類が多くて名前が覚えられない。選ぶのにも迷ってしまう。雑草対策の悩みを忘れようとして出かけてきたのに、苗選びで悩んではやりきれない。

店内をぶらつくと、見慣れない商品名が目にとまった。「固まる土」といった名前の袋だ。５〜10センチの厚さで庭にまいて固めれば、雑草が生えることはないといった説明書きが付いている。

ホンマかいな？

一瞬そう思ったが、なんとなく期待できそうでもある。数袋をレジに持っていき、購入して車に乗せた。

――とは、ならなかった。衝動買いをして失敗することが多いので、このときはなんとか踏みとどまった。たまたま徒歩で来ていたので、重いものは運べないという事情もあってのことだが……。

家に帰ってインターネットで調べると、似たような商品がいくつか見つかった。「固まる土」だけでなく、「防草砂」「防草土」という名前も使われている。

ここぞと思うところにまいて水をかければ固まるようだが、どこがどうちがうのだろう。「固まらない防草砂」「固まらない防草土」もあって、さらに混乱する。雑草の発芽や成長を邪魔するホウ酸カルシウムを混ぜた商品もあった。

総称としての「固まる土」を使えば、コンクリートに比べ、水が浸透しやすいという。だから周囲の庭木が息苦しいと叫ぶことなく、雑草が抑えられる。

コンクリートのようにすぐに固まることがなく、作業を急ぐ必要がないのもメリットらしい。その代わりコンクリートほどの強度は期待できず、割れたりはがれたりする、場所によっては数年後にコケが生えることもある、なんてことも報告されている。しかしまあ、どんなものにも良い面、悪い面はある。要は、どこに重きを置いた選択をするかにかかっている。

では、どうするか？

そう思っていたとき、なんともタイミング良く、娘の家で「固まる土」を使ったという耳より情報が届いた。ブロックの目地部分から雑草が生えてきたので、ホームセンターで見つけて数カ月前に塗ったという。

さっそく訪ねて、見せてもらった。すると、なんとまあ、「固まる土」をまいたあとにできた小さなすき間から、わさわさ、もしゃもしゃと雑草が生えているではないか。文明の利器を使われても、ド根性雑草は健在だった。実行に移さなかったことを忘れて、思わずにんまりした。

それにしても、自分の視点が雑草側になっているのがちょいとコワい。

戦略 8

固めてしまえ！

大変度――★★

現実度――★★★

［ひとことコメント］

効果はあるが、固めてしまってあなたは満足か？

雑草図鑑——⑧

コニシキソウ

地面を這うように伸びる北アメリカ原産の雑草。世界中に分布するという。乾燥に強く、舗装路のすき間や裸地などからよく生えている。茎を切ると、毒性があるという白い液が出る。

戦略

9

熱湯だー！

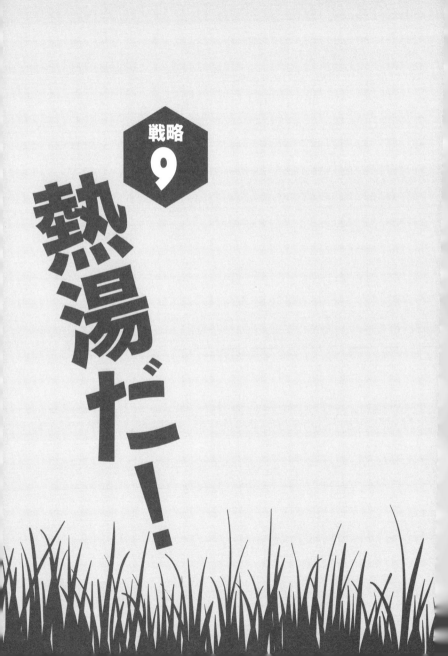

子どもの自由研究には、なかなか面白いものがある。仕事柄、その審査をしたり、作品の発表会をのぞいたりする機会が多いが、大人が思いつかないようなところに目をつけ、先入観なしに試すところがなんとも頼もしい。

雑草をどうしたものかと考えていたある日、小学生が雑草に熱湯をかける実験をしていたことを知った。

そそっかしいから、お湯やお茶をこぼす失敗なら何度もある。毎週配達される生協の箱に入っている冷凍食品用のドライアイスを庭に捨てたこともある。その跡を翌日見たらコケは枯れていたが、草は平気だった。

それはともかく、お湯をかけると雑草はどうなるのか。簡単なことなのに、試したことはない。その小学生は40度、80度、１００度のお湯を使って調べた。さすがに40度で枯れることはなかったが、１００度だと4日目には完全に枯れた状態になり、80度の場合も半分ほど枯れたという。その子の祖母がスイートコーンやパスタのゆで汁を庭の雑草にかけていたという話を聞いたのがきっかけだそうだが、それを実際に試したところは評価すべきだろう。

――熱湯かあ。そうだな、その手もあるかも。

そういえばと思い出したのが、たまたま見たニュースで取り上げていた機械だった。植物由来の専用液を溶かした水を加熱し、泡状にして雑草が生えているところにかける。泡は半時間もすれば消えるが、熱は根にも届くため、一定期間は雑草が生えないという内容だった。

その後しばらくして、酢の酸性成分を含む高温の酸性泡で雑草をやっつける機械もあると知った。設定温度は１００度。泡状にすることで熱い状態を長く保ち、雑草の細胞にダメージを与えるという。

熱湯バブルで雑草にひと泡吹かせる機械はユニークだが、何はともあれ、やかん片手にジャーッとかけるのが手っ取り早くて現実的な熱湯作戦だろう。

沸騰した湯を敵方にかけるのは、むかしの戦術のひとつでもあった。ぐつぐつと煮えたぎる湯を浴びたら火傷は免れないし、士気だって萎える。

平和な世界がなによりだが、こと雑草との会戦ではそうも言ってはいられない。物は試しと、メヒシバ、ノゲシ、カタバミ、シロザ、ドクダミ、クワクサが茂っているあたりに、そばをゆでた残り湯をかけてみた。どうせ台所のシンクに流すものだからという、ケチな考えである。

そば湯として飲めばルチン・タンパク質・ビタミン類・ミネラル・食物繊維などの栄養補給になるが、雑草には効くまい。戦国時代の城攻めの際には煮えがゆも敵兵に見舞ったようだから、もしかしたら糊化の効果も期待できるかもしれないと勝手に思った。

そんな熱湯作戦の2日後。熱湯がかかった雑草は観念したように見えた。ところがさらに数日経つと、生き残った根や地下茎から新芽が頭をもたげてきた。

熱湯を浴びれば、植物の細胞が破壊される。タンパク質構造が壊れて細胞の機能が維持できなくなり、新たな細胞をつくりだすのも難しくなる。

その理屈通りに変容した雑草は、くたんとなって枯れたように見えた。しかし、そうでない部分も当然のようにある。雑草は、思った以上に手ごわいのだ。ニンゲンが攻撃してくることぐらい、百も承知だ。いつかは、あるいは何度も叩かれる前提で生きている。その意味ではたくましく、敵ながらたいしたものだと感心する。

熱湯が地面にしみこむ量は限られるし、届く範囲・深さも限定的だ。熱湯攻撃を免れた根や地下茎があれば、再生してもおかしくない。罹災エリアから外れた雑草やそのタネは、なんとも感じていないだろう。何日か経過したあとの復活劇がそれを示す。悔しくても認めるしかあるまい。

熱湯作戦は、どうすれば勝利につながるのか？

おそらくは大量の湯、沸騰した状態の湯を雑草にぶっかけることだろう。だがそれを現代の一般家庭でするのは、不可能でなくても無駄であり、エコの時代に反したエネルギー

熱湯だ！

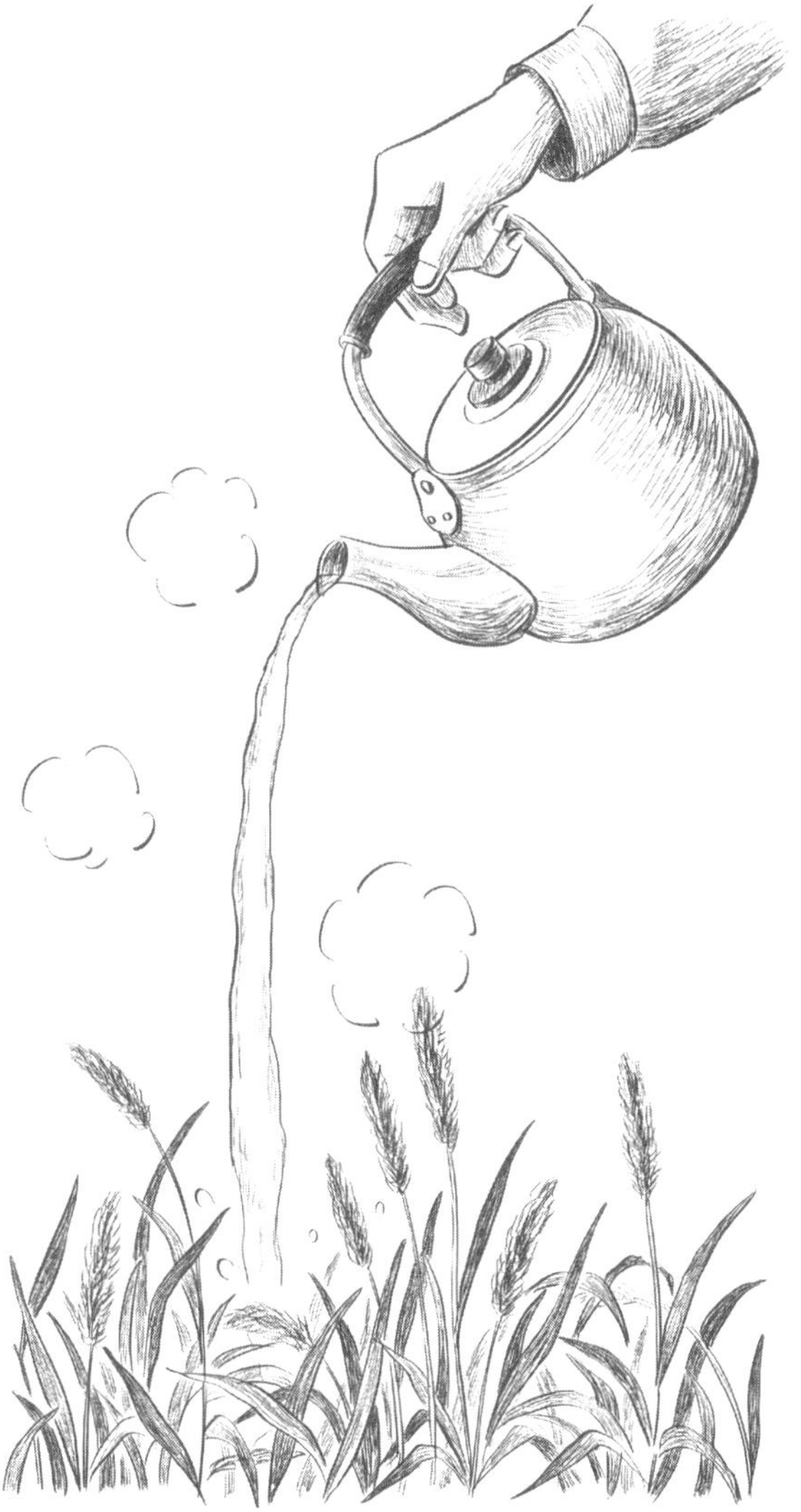

熱湯をかけるのはシンプルで悪くないが、面積次第。

の使い方となる。

雑草を相手にした熱湯作戦は、望まぬものを巻き込むおそれも多分にある。土壌中の目に見えない微小な生き物や微生物にうらみはないのに、取り返しのつかないダメージを与えかねない。

それ以前にそもそも、土の中にどんな生き物がいるのかわからないまま熱湯を地面に注ぐのは無謀だ。雑草ともども退治した方がいい害虫や病原菌も混じるかもしれないが、なかにはいいヤツだっているだろう。そんな一切合財を問答無用と斬り捨てるような行為だから、土壌圏生物連合に抗議されたら申し開きができない。

恐るべき高圧熱湯マシン

あれこれを考えると、小心者にはそば湯実験以上の熱湯攻撃はできそうにない。だが、家庭の庭とちがって広大な農地で雑草と戦う農家の人たちは、別の熱湯作戦も展開している。

たとえば、温水高圧洗浄機なるものだ。温水といっても、専用のノズルから噴射されるのは100度近い熱湯である。設定温度は同じでも、泡状にしないから、熱湯バブル方式に比べればわかりやすい。

やかんに入った熱湯を注ぎ口から落下させると、着地する範囲は10円玉ぐらいだろうか。それに比べれば、温水高圧洗浄機はすごい。一度の噴射で、広い範囲に熱湯が浴びせられる。モップで床を磨くような感じでノズルを動かし、雑草をやっつける機械である。

一般家庭でちょっとだけ使うには、高すぎる。だが、やかんで湯をわかして庭に運び、一度では終わらないから台所と庭を何度か行ったり来たりすることを思えば、科学に感謝の道具ではある。

欧米に目を向けると、100度前後の熱水をスチーム散布する機械が普及しつつある。強い力で噴射するのではなく、雨が当たる程度の力で雑草に当てるのが特徴だ。それでも雑草の細胞は壊れるという。

細胞を破壊された地上部の葉や茎は、光合成ができなくなって枯れる。熱水の威力は地下深くまで及ばず、根が生きていれば再生する。しかし、さしもの雑草も、いくらかでもダメージを受けた部分を再生させるのに時間を要する。その間にまたスチーム熱水を当てれば、再起不能になる。だから、有用な微小生物への影響は少なく、環境にやさしい除草ができるのだ。

とまあ、メーカーはこんな説明をしながら売り込んでいる。

国内でも、自走式蒸気処理防除機というものが登場した。公的機関とメーカーが共同開発したもので、ボイラーと水タンクを搭載し、オペレーターが機械に乗って操作する大がかりなものだ。ガソリンや軽油、灯油で動かす。

驚くのはその温度だ。最高370度にもなる過熱水蒸気が地面に向かって噴き出す。しかしそれは瞬間的で、地表面にしか、かからない。そのため土の中にいる微生物や虫などへの影響はほとんどなく、死滅するのは蒸気が当たったところにある雑草のタネだけらしい。

作業しながらの走行速度は時速1キロ。2時間で20アールの連続走行が可能だとか。しかも、簡単な講習を受ければ使えるそうだ。小麦畑で収穫後に処理した例ではネズミムギが10%以下になり、大きな防除効果が得られた。田んぼではイネ科雑草が3%に抑えられたというから、効果だけをみれば農家の人たちにとってはありがたい機械になるのだろう。

おまけ情報になるが、田んぼのスクミリンゴガイ（ジャンボタニシ）対策に使えば、大きな成果が上がるようだ。何もしないで放置した田んぼだとジャンボタニシの発生率は約80%だったのに、その機械で処理したところは約20%に抑えられたという。

小学生の自由研究に感動して熱湯を使おうとしたものの、やかん片手の作業は現実的でないとわかった。かといって、大型機械は手に負えない。その中間に位置するような器械でもあればなあと思いつつ探していたら、ネット情報の中に、家庭用のスチームクリーナーが隠れていた。

ところがどうも、パワー不足らしい。それに代わる業務用の器械があって、それはまずまず期待できるという。見た目にはコンパクトなので心も動くが、やはりそれなりの価格はする。十数万円かけてでも楽をしたいというほど困っているなら選択肢に入るかもしれないが、ビンボー人はへえと言うだけである。

大型機械を一般家庭の庭に持ち込むことはできないし、コンパクトな器械は使い方によって効果が異なるということがわかった。あれこれ調べただけのことはあるものの、知ってみればそれほどたいしたことではない。

いずれにしても雑草の根元をねらうことが重要らしく、そのポイントを外すと効果は薄れる。それといったんは雑草に勝ったように見えても、しばらくすると復活するものが多いので、一度でやめてはいけない。心を鬼にして、再起不能にしてやるわい、という気概を持って接することが大切だ。

さらに忘れていけないのは、雑草の種類によって効果に差があるということだ。根が深かったり、地下茎が発達している、タネの散布量が多いといった性質を持つドクダミやカタバミ、スギナ、コニシキソウなどを相手にする際にはそれなりの根気と忍耐力が必要になる。言ってみればそれは、雑草が雑草たるゆえんでもあるのだけれど……。

戦略9

熱湯だ！

大変度――★★★
現実度――★★★
［ひとことコメント］
狭い場所なら効果的かも

雑草図鑑――⑨

ワルナスビ

北アメリカ原産で世界中に広がったナス科の多年草。 根が深く、 切れた根から再生するので駆除が困難。 日当たりを好み、 草刈りをすると逆に増えるという。 茎にはトゲがある。

戦略 10

塩をまけ！

これだけ科学が発達した現代でも、日本人が神様を敬う気持ちは変わらない。良縁を頼み、安産を祈願し、子の健康・成長を願う。ふだんはまったく見向きもしないのに、ここぞというときにはまさに、神頼みである。

昭和ヒトケタ世代も少なくなったが、彼らは都会の狭い家にも神棚をまつり、米や塩、水、酒などを供えた。わが家でもそれにならい、正月だけは手を合わせて拝んでいた。神様が塩をどうご覧になっているのかわからないが、神道で塩は重要な役割を果たす。

神話によると、妻であるイザナミノミコトを黄泉の国から取り戻そうとしたイザナギノミコトは、妻の言いつけを守らなかったために、散々な目に遭う。かわいさ余って憎さ百倍というが、神様同士のなすことだから、すごすぎる。夫婦げんかから戦争のようになり、ついには毎日千人が死に、毎日千五百人が生まれるという人間の生死の宿命のようなものができてしまった。

やっとのことで現世に帰り着いたイザナギノミコトは、海水で身を清めた。それがみそぎの始まりとされる。海水ではなく、淡水と海水が混じる汽水だった、いやいや川の水だったと諸説あるが、ケガレを落とす力を秘めた水と考えれば、海水説がしっくりくる。

そんなこともあって塩は海水同様に清めの象徴であり、神聖なものとされてきた。浸透圧の働きで微生物の死滅や増殖抑制につながるため、塩は古くから、食料を保存するのに使われた。邪気をはらい、ケガレを清める力があると信じられたのは、食べ物の腐敗を防ぐ特性も一役買っているのだろう。

人類最初の調味料は、塩だった。岩塩ならそのまま利用できるし、手間はかかるが、海水からも得られる。真偽のほどは知らないが、徳川家康にまつわる逸話を記した『故老諸談』によると、家康が側室のお梶の方に「この世で最もうまいものは何か」と尋ねたところ、塩だと答えた。それに続けて、「では、最もまずいものは何だ」と聞くと、お梶の方はまたもや塩だと言ったという。塩があればどんな料理もおいしく食べられるが、塩はひとさじも食べられない。言われてみれば、なるほどな話ではある。

それゆえに塩は貴重で、生活に欠かせない。いわば塩は天からの授かりもの。生命の維持に欠かせず、食料の保存や調味料としての価値がある。しかも邪気をはらい、清める力があると信じれば、粗末には扱えない。それで人々は塩を神棚に供え、神様への敬意と感謝の気持ちを表そうとしたのだろうか。

神棚でなくても、神社でいただいてきた清めの塩を1日と15日に供える風習がある。その日は新月・満月という月のサイクルに基づくとか、神道の「朔日《ついたち》参り」や「十五日参り」の儀式だとかいわれる。特別な日なのだから、特別な力を有する塩パワーにすがろう、頼ろうという気持ちをこめて塩を供えるのだろう。

疑問に思うのは、虫と草に対する人々の見方・接し方だ。害虫の面倒をみてくれる神様はいても、雑草の相手をする特定の神様はいない。益虫・害虫という言い方はしても、益草・害草という呼び方はまずしない。観賞用・薬用・食用というように、用途や特徴で分けた呼び方をすることが多い。

虫よけ札はあっても、「草よけ札」というものはないし、虫送りはしても「草送り」の風習は聞かない。邪魔になる草は多々あっても、生活に役立つ草木もまた多い。だからムキになって、虫のように敵対するものではないと考えたのだろうか。

神の力に頼るのだ

何やらわからないが塩に特別な力が宿るとしたら、正月だけでなく、ふだんの生活に直結する雑草対策にも力を借りたい。雑草を枯らすことができるなら、塩にだって頼ってみたくなる。

ちょっぴり科学的に考えると、塩で雑草を枯らすことは可能だ。葉や茎に塩が付くと、細胞内の濃度よりも外側の塩分濃度の方が高くなる。その濃度差によって浸透圧が働き、細胞内の水分が外へと移動する。そして細胞内の水分が失われると雑草は脱水状態になり、

庭で塩を使うのは玄関の盛り塩ぐらいにしておこう。

生存できなくなる。

思い出したのが農地の塩害だ。風や波により、海から運ばれた塩分の一部が残ることで起きる。だから大きな津波に襲われた農地は、除塩対策をしっかりしないと作物が栽培できない。

それにはいろいろな方法があるが、たとえば農地を耕したあとに土壌改良材をまいてから水を張り、田んぼの代かきのようなことをしたのち、水で洗い流す。文字にするのは簡単でも、実際の作業はたいへんだ。そうした被害に遭う農地が毎年のようにあることを思うと心が痛むが、その一方で、塩をふりかけたり塩水をまいたりすれば庭の雑草をノックダウンさせることはできそうな気がしてくる。

では、雑草には塩のふりかけがいいのか、それとも塩ドリンクをたっぷり振る舞うべきか。塩の力を借りるとしたらそのどちらかだと思うが、さて、どちらがより有効で楽なのか……。

理屈から言えば、塩水にした方が良さそうだ。

雑草めがけて塩をふりかけても、ほとんどが葉からこぼれ落ちる。茎に付着する量も、たかが知れている。ばらまいた塩の多くは地面に落ち、雨が降ったり水がかかったりすれば、溶けて土にしみ込むだろう。

塩そのものだから、塩分濃度は高い。水で薄めるのに比べれば、ずっと効果があるように思える。だがそのためには一カ所にかなりの量をまかないと、期待する成果は望めまい。塩だってタダではないからとケチっていては、濃度も効果も薄い。

だからといって台所に置いてある塩一袋分をばらまいても、ほんの小面積にしか行き渡らないのは目に見えている。だったら、最初から塩水にして散布する方が良さそうだが、どれくらいの濃度が適切なのだろう。

同じ尋ねるなら、海に近いところに住む人がいい。千葉県の九十九里浜あたりに農地を持つ農家のせがれに相談した。

「……というわけなんだけど、雑草対策でまく塩水の濃度は何パーセントぐらいがいいと思う?」

「そうだなあ。やったことはないけど、海水と同じくらいの塩加減でいいんじゃないか」

一理ある。持つべきは友である。

調べてみたら、海水の塩分濃度は3・4%らしい。あのしょっぱい海水1リットルの中には、塩が34グラム含まれているのだ。

「だけどさあ」

「えっ?」

「草は枯れても、それで終わりにはならないよ」

「どういうこと？」

思わず聞き直した。

「いったん土に入った塩分は、なかなか抜けないんだぜ」

海辺に近いから、幾度か経験しての助言だろう。

それはわかっている。津波のあとの除塩対策がどれほどたいへんなのか、東日本大震災で大津波を経験した福島県の農業研究機関に勤める友人から苦労話を聞かされた。そうでなくても、想像はつく。

理屈は同じだから、家庭菜園のようなところでも避けるのがよろしい、というのだ。使う塩水の量や頻度にもよるのだろうが、何度も大量に投入すれば土の中に塩分が残るのは確かだろう。すると雑草以外の植物にも影響が出るだろうし、外壁や鉄筋コンクリートの劣化や腐食を促すおそれも生じる。雨で隣家に流れ出て、トラブルになるかもしれない。

そんなあれこれまで考えた結果なのかどうかはわからないが、浜辺暮らしが長い彼は、塩水散布はしない方がいいと言う。

「だけどさあ、九十九里浜にはわざわざ海水をかけて育てるネギもあるんだよなあ」

そうだった。すっかり忘れていたが、一度だけ、そのネギを栽培する農家の話を聞いたことがある。

いまをさかのぼること二十数年前。大量の海水を含んだ潮風台風が、九十九里一帯の野菜畑にひどい塩害をもたらした。ところが不思議なことにネギだけは無事で、食べてみるとふだんよりうまかった。その体験がもとになって、収穫までに数回、水質検査にパスした海水をネギ畑にまいている。

だったらいっそのこと、家庭菜園をネギ専用の畑にする手もある。雑草に打ち克ち、うまいネギが食べられるならありがたいではないか。

しかし、ネギ農家になるつもりはない。塩まき作戦の案も却下だ。塩分の取り過ぎは、血圧のためにも良くない。

戦略 10

塩をまけ！

大変度——★なし
現実度——★なし

［ひとことコメント］
やめときましょう

雑草図鑑――⑩

カヤツリグサ

長く茎を伸ばした先に、細長く尖った葉を放射状に広げ、その中心に線香花火のような穂状の地味な花を咲かせる。多くのタネを落とすことでどんどん増える。

戦略11

ヤギに食わせろ!

ヨーロッパには雑草がない。

そのひとことが印象深く、うんと以前さらっと読んだだけなのに、妙に頭に残っている。あれは確か、哲学者・和辻哲郎の書いた何かに載っていた。

あらためて探すと、『風土――人間学的考察』の中にあった。京都帝国大学農学部（当時）の大槻正男助教授から聞いたのをきっかけに、日本とヨーロッパの風土のちがいについて述べている。解釈には異論もあるようだが、それはともかく、その逸話の中で記憶に残ったのは、「羊は岩山の上でも岩間の牧草を食うことができる」という部分だった。

当時の和辻博士の考えによると、ヨーロッパでは夏の乾燥期に湿気が得られず、雑草が芽生えることはない。ところが冬の雨季になると冬草の成長が進み、岩山までも牧草地になって、牧畜に適した土地になっていく。そこで羊は、えさとなる草にありつけるというのである。

そんな文章を読んで個人的に注目したのは、羊が草を食むという、なんということもない記述だった。

ヨーロッパとちがって、雑草ならいくらでもある。いつでも喜んで提供しよう。雑草が生い茂る場に羊を置けば勝手に草とり・草刈りをしてくれるとは、頭の中のエントロピーが一気に増えたように感じる瞬間だった。エントロピーとは物理学で無秩序の度合いを示す量のことだと学んだが、それと羊、雑草がどう結びつくのかは自分でもよくわからない。もうひとつ、わからないことがある。それは、羊がはたして、岩山に立つのかということだ。

これまでに見た羊の多くは、群れで飼われていた。羊のことはほとんど知らないが、サフォークとかコリデール、メリノといった種があることぐらいはわかる。牧羊犬がいて、羊の群れを監視したり誘導したりすることも知っている。ということは、岩山に立つ羊というのは野生種なのか？　気にしだしたら眠れなくなったが、そこで羊の数をかぞえると泥沼にはまりそうなのでやめた。

同じ草食動物なら、ヤギがいる。ウサギもシカも雑草を食べるが、人間の意を汲んで雑草駆除を手伝ってもらうとしたら、ヤギが適任だろう。

集団で飼う羊は無理でも、ヤギならなんとかなりそうだ。草とり現場に連れていって、あとは自由にのんびりと草を食べてもらう。自然の法則に基づく、なんともエコな除草対策になる。

ヤギにも都合があるのだ

ヤギ除草は、たびたび話題になる。自治体が予算を組んで支援したり、利用者に補助金を出したりする例も紹介される。その効果を確かめるための実証試験をする研究機関もあって、けっこうな盛り上がりを見せているようだ。

一般向けのレンタル事業もあるが、実際のところ、どれほど役に立つのか。費用も気になる。

レンタル業者に話を聞いた。あくまでも一例でしかないが、参考にはなるだろう。

「除草目的だと、いつごろの貸し出しが多いですか」

「3〜7月だね。そのころの草は、栄養価が高い。だからヤギも喜ぶよ」

「へえ。それでヤギは、どんな草も食べるんですか」

「ススキやチガヤといったイネ科が好きだよね。ヨモギやツルマメ、クズ、タンポポ、クローバー類もよく食べるかな。いろんな草を食べるけど、ドクゼリとかキツネノボタンのような毒草は避けるし、ドクダミみたいな臭い草も嫌うなあ」

ヤギは、舌にからませるようにして草を食べる。だから、短い草は敬遠するし、背高のっぽの草も食べにくいようで避けるという。人間だって食べ物の好き・嫌いはあるので、

戦略11 ヤギに食わせろ!

川の土手や公有地などでの導入例はたまにニュースになる。さすがに狭い面積だとそもそも無理がある。

しかたがないのだろう。

実際には、どれくらいの働きが期待できるのだろう。

「ヤギの雑草処理能力はどうです？」

「1日で10平方メートルぐらいが標準じゃないかなあ。食べる量は、大人のヤギで1日当たり3〜5キロってところだ。平坦な土地だと草刈り機でその10倍は刈るから、単純比較だとヤギは負ける」

傾斜があってもヤギは、平地と同じように草を食む。草刈り機だと傾斜地の作業は1日に20平方メートルほどで差はいくらか縮まるが、それでもヤギよりは上だ。そうした数字を聞くと、ヤギを使うメリットはあまり感じられない。

「そうそう。ヤギの腹が満たされないと困るから、専用の飼料やくず野菜などで補うよ」

ヤギは家畜の一種として扱われるので、レンタル業者はえさの安全性や家畜伝染病にかかわる法律も念頭に置く。家畜保健衛生所などに、定期的な報告もしなければならない。

借りる側にそこまでの義務はないが、業者との契約書にある約束は守らなければならない。えさとして与えていいのはどんな野菜か、飲用水や柵、ヤギが休むための小屋をどうするか……。受け入れるための準備もしっかりしなければならない。杭を打ってロープでつなぐのはいいが、ヤギが動きまわって首にからんだらとんでもないことになる。

レンタル料金も重要だ。

「それで、貸し出し料金はいかほどで？」

「うちは1頭3000円だよ。それで最大3カ月まで借す。期限内なら、1日でも同じ料金なんだけどね。延長料金は1カ月1000円にしているよ」

業者によって料金設定が異なり、1カ月1万～1万5000円がひとつの目安になるようだ。それにヤギはもともと群れる習性があるので、1頭だけだとさびしがる。何頭か一緒に借りる例が多いのは、そのためだ。

話を聞くうちに、お金を払えば借りられると思うのはまちがいだと知った。ヤギが生き物であることをしっかり認識しないと、ヤギに申し訳ない。

借りる際に求められるさまざまな条件をクリアしても、鳴き声が近所迷惑にならないか、野犬に襲われないか、さびしがっていないかといったことにも気を配らなければならない。草を食べればふんを出すが、それだって草刈り場周辺の環境に配慮しないとトラブルにつながる。そんなあれこれも考えたうえで利用するのがヤギ除草のようである。

手で草を刈るのは大変だ。草刈り機を使うと、音がうるさいし扱いに気を使う。草を刈り取ったあとには、当然ながら、草の山ができる。片づけないと、草刈りは終わらない。ヤギ除草ならそうした心配がないのは、大きなメリットだ。

実をいうと、除草目的でヤギを借りる人たちの多くは、除草以外の効果もねらっている。人家が近いとトラブルも心配だが、うまく利用すれば地域融和の材料になる。生き物がいれば、子どもたちの情操教育に役立つ。設備や管理がしっかりしていれば、機械よりも安全だし、放っておいても勝手に働いてくれる。

田んぼだと、アイガモが使える。農地や庭では、鶏にまかせる選択肢もある。だがそれぞれ、それなりの準備や管理のしかたが求められる。だったらヤギの方がいいように思えるが、住宅が密集したわが家のような一般家庭に呼べるかというと、それは難しい。狭い庭や小さな家庭菜園では使えないのだ。それで結局は、ヤギ除草も夢に終わる。

——もしかしたら、虫に雑草を食わせる手もある!

ふと浮かんだ昆虫除草法だったが、その考えはすぐに引っ込めた。草を食べる植食性の昆虫はすなわち、害虫であることが多い。野菜や園芸植物を育てる家にとってベジタリアンの虫の多くは「害虫」だ。うまくいって雑草のいくらかは食べてくれても、野菜や花の食害の方が大きいだろう。

雑草は生きている。生きているから邪魔になる。同じように生きて草を食べてくれるヤギのような「生きている除草機」があっても、使える場面は限られる。それがはっきりしただけでもよしとするしかないのだろう。

戦略 11

ヤギに食わせろ！

大変度――★★
現実度――★
［ひとことコメント］
広さ次第だけど個人では非現実的か

雑草図鑑――⑪

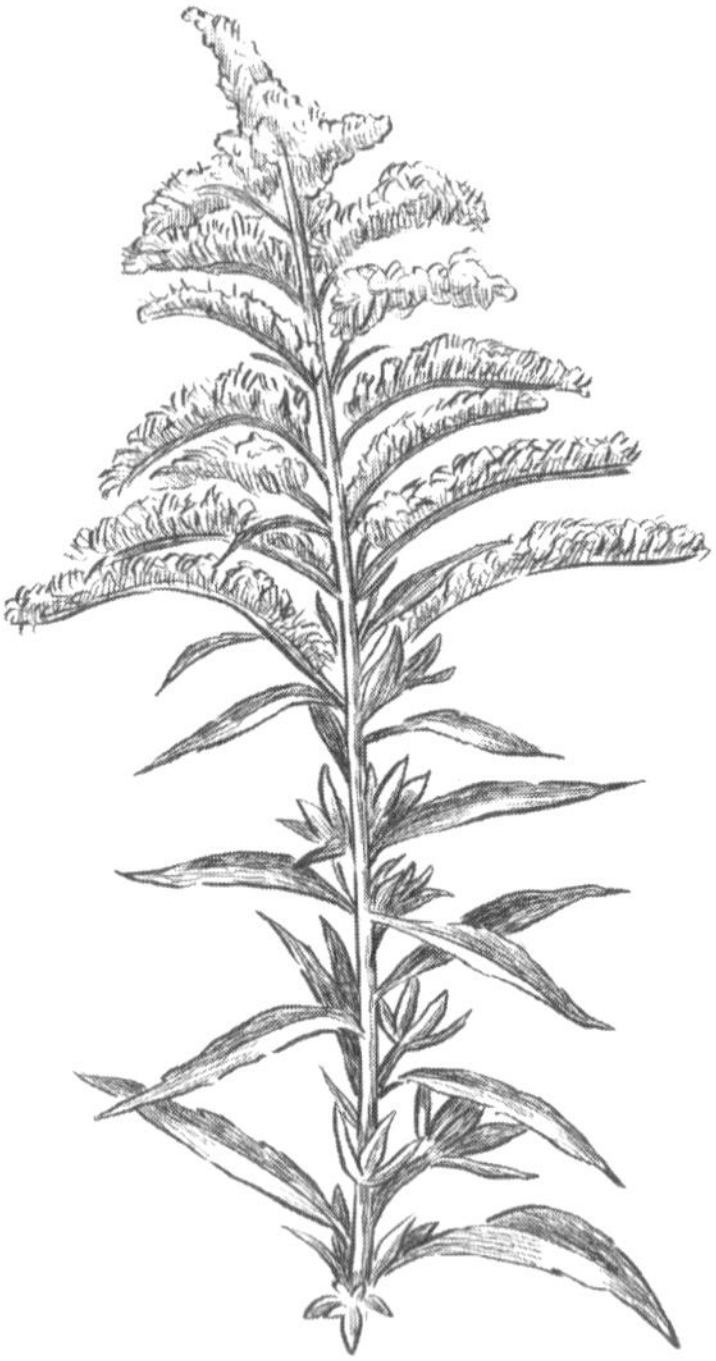

セイタカアワダチソウ

北アメリカ原産のキク科の多年草。地下茎を伸ばして増え、ほかの植物がいやがる物質を根から出すことで圧倒する。ヤギはあまり好きではないらしい。

戦略 12

ほかの植物で覆え！

わが家からそう遠くないところに、十数キロに及ぶサイクリングロードがある。河川に沿って整備された道で、草、草、草のオンパレードだ。

そこはさながら、多様な雑草の展示場だ。秋の花粉症の原因にもなるオオブタクサや最近注目の外来雑草・ナガエツルノゲイトウがやたらと目立ち、アレチウリ、カラスウリ、クズ、カナムグラ、ガガイモといったつる性植物がこれでもかと生い茂る。

つる性植物の下になると、そこにいること、あることがわからなくなる。とくに夏から秋にかけてはつる草だらけで、ハタから見ると、自分で自分の首を絞めているのではないかと思えるほどの大帝国を築いている。

言ってみれば、「カバー・モンスター」だ。芽生えから短期間でその前に生えていた植物にからみつき、覆いかぶさり、ついにはそこにはもともと自分たちしか存在しなかったかのような光景をつくりだす。一足先に発芽して太陽の恩恵にあずかっていた植物にしてみれば、暗黒世界のモンスターが現れたように感じるのではないか。

草が草を覆うなんて、ああ、嘆かわしい。もっと平和的な生活は送れないのかと、お節介な言葉のひとつも吐きたくなる。光を奪われた草にしてみたら、たまったものじゃない。

サイクリングロードを完走したことがないからなんともいえないが、印象としてはアレチウリが優位に立ち、そのあとをカラスウリが追う。ガガイモはその実やタネに魅力を感じるから、もっと多くてもいい。カラスウリの実やタネも嫌いではないが、キカラスウリだとなおうれしい。わが家の周辺では花は咲いても、実がなることはまれなのだ。

私情をはさみたくないが、傍若無人ともいえるつる草のはびこるさまを目にすると、ブツクサが止まらない。いったいだれが、迷惑な最初の一株を持ち込んだのだろう。

いや、待てよ。

もしかしたら、雑草との戦いに使える手かも!

邪魔な雑草が生えてこないようにする、あるいは生育を阻害する戦法はどうだろう。雑草を襲う「カバー・モンスター」をこの手で生みだせば、まわりの雑草どもを抑えつけることも不可能ではない。

草で草をやっつける――。

語呂も発想も悪くない。この雑草ロードのような広範囲の雑草が相手ではない。わが家の庭、狭い菜園、狭小スペースの雑草なら、イチコロではないか。うまくいけば、痛快なることこの上もない。

合わせ技を考えてみる

だが、これまでの対雑草戦は全敗だ。草で光を遮る暗闇作戦を展開するにしても、援軍があるといい。

植物の世界でよく耳にするようになった「アレロパシー」が頭に浮かんだ。ギリシャ語の「アレロ（お互いの）」と「パシー（身にふりかかるもの）」をドッキングさせた造語で、1937年にオーストリアの植物学者、ハンス・モーリッシュが提唱した。日本では1977年に植物生態学者の沼田眞博士が「他感作用」と名づけた。植物や微生物の出す物質がほかの生物に何らかの影響を及ぼす現象で、多くの場合、自らつくりだす化学物質が他の植物の生育を阻害する。草で草を退治しようというのだから、申し分のない援軍だ。

アレロパシーは、セイタカアワダチソウがススキを追いやる例が有名だ。実際には別の要因も関係するようだが、その力を説明する際によく引き合いに出される。

ヒガンバナもそうだ。田んぼのあぜや墓地などに植えて草が生えるのを抑え、ネズミやモグラも近づけない。牧草として利用されてきたヘアリーベッチ、ミツバチのみつ源にもなるニセアカシア、薬草になるヨモギなどもアレロパシーが働く植物として知られる。

サイクリングロードの河川敷で見たつる性植物は、この作戦の「カバー・モンスター」

戦略12

ほかの植物で覆え！

グランドカバープランツは人気だが、隅から隅までカバーできるのか……。

に仕立てるのにもってこいだ。といって庭にタネをまいたら、たいへんなことになる。すぐさま制御不能になって暴れまくり、雑草防除どころではなくなるだろう。恥ずかしいことに、似たようなことを何度も経験している。味方だと思ったら敵だったというのでは、話にならない。

鳥がタネでも落としたのか、カラスノエンドウやヤブマメが勝手に生えてきて庭木の幹や枝に巻きつき、葉にかぶさって光を奪った。せっせと苗を植えたニガウリやミニトマトも同様で、ヤマタノオロチなんぞ足元にも及ばない数のつるをあっちへもこっちへも伸ばし、収拾がつかない。脇芽摘みをちょっとサボっただけなのに、気がつくと庭木の存在を打ち消すような緑のカバーを見せつける。

キカラスウリのタネをわざわざまいて、同じ目に遭ったこともある。その塊根が「天瓜《てんか》粉《ふん》」、いわゆるベビーパウダーとして利用できるためまいたのだが、肝心の塊根はなかなか大きくならない。それなのにつると葉はどんどん伸びて広がり、同族のカラスウリと同じ狼藉をはたらく。

ある年、南房総市の砂浜で芽を出していたメロンの幼苗を持ち帰った。タダで手に入れた苗だから、品種はわからない。むしろ、どんなメロンになるのか待つ楽しみがある。水も肥料もたっぷり与え、特別待遇で育てた。

ところがそれは、メロン苗ではなかった。居心地がよほど良かったのだろう。わが菜園に似つかわしくない勢いでぐんぐん伸び、いつかどこかで見たようなつる性植物に大変身した。なんとまあ、それはアレチウリだったのだ。気づいたときにはかなりの土地を奪われたあとで、それから慌てて引っこ抜き、奪回に努めた。

プロとしてのグランドカバープランツ

失敗談はいくらでもあるから、いくらなんでも、サイクリンググロードにあるようなつる草は使わない。雑草が求める光を奪うために利用するのは、「グランドカバープランツ」と呼ばれる園芸植物だ。「花のじゅうたん」などと評され、園芸家に歓迎されることが多い。

古典的なところだと、シバザクラやジャノヒゲがある。英国風ガーデニングがブームになってからは、ネモフィラ、ヒメツルソバ、ヒメイワダレソウ、マンネングサ、オキザリス、アジュガ、ツルニチニチソウといくつも名前が挙げられるほど園芸界はにぎやかになった。

見た目に美しく、景観にもなじみやすい。シバザクラやネモフィラのように、グランドカバープランツの花で人を呼び込む観光地もあるほどだ。

考えられる雑草抑制効果は、こんなところだろう。

①地面を覆うように広がり、光を遮って光合成の邪魔をしたり、雑草の発芽を抑制したりする。
②植えつけ場所の水分・養分を奪い取り、雑草の生育を妨げる。
③踏まれ強く、雑草よりも早く育つものが多い。

よしよし。これならなんとかなるかも。

しかも今回は、化学的に裏付けされたアレロパシーが期待できるミントやシランなど数種類の植物も用意した。グランドカバープランツとの二段構えなのだ。負ける気がしない。

オキザリスが何株か手に入ったので、さっそく植えた。団子状の芋のような根茎がある植物なので、わが家では日本風に「イモカタバミ」と呼ぶ。

まともに野菜が育たないほど貧弱な土なのに、イモカタバミは順調に増え、ピンクの花をいっぱい咲かせるようになった。ミント、シランも健闘している。この調子ならそのうち、草とり・草刈りから解放されるだろう。

と思っていたのだが、またしても敗北を喫した。イモカタバミはアレロパシー軍団が力を発揮するのに時間を要するとみたのか、同盟を結ぶことなく、ひとり突っ走ったのだ。

確かに一部の雑草のすみかを奪い、光を遮った。発芽だって抑えているのだろう。しかしその結果としてイモカタバミはどんどん領地を広げ、大切に育てていた山草類の前途をも奪った。本末転倒というのはこのことかと思い知るのに、それほど時間はかからなかった。

同じようなことが、いくつかのグランドカバープランツで起きていると聞く。「だからグランドカバープランツには、うかつに手を出すな！」といった注意も呼びかけられているようだが、時すでに遅し。知るのが遅かった。

雑草防除どころか、その援軍であるはずの草にまで悩まされているのが、草を抜くよりマヌケなわが家の現実なのである。

戦略 12

ほかの植物で覆え！

大変度――★★

現実度――★★

［ひとことコメント］

結局、管理は必要となり、種類によっては制御不能となる可能性も

雑草図鑑――⑫

イモカタバミ

ムラサキカタバミに似ているが、 花の中心の色が濃く、 数が多く、 密集して生えることが多い。 名前通り芋状の根（正確には根茎）が連なり、 そこから増える。

戦略 13

除草剤だー！

「夏野菜はまかせろ！　完全無農薬で育てるぞ！」

ミニトマトやナス、ピーマンといった定番野菜の苗を手に、高らかに宣言したのはいつのことか。もはや何年前だったのかも思い出せないが、手にする収穫物はほんの一握りながら、毎年休むことなく、農薬不使用の栽培を続けている。しかしだれもほめてくれないので、自分で「エラい！」と自賛するしかない。

完全無農薬といえば聞こえはいいが、病害虫や雑草にはやられっぱなしだ。それでも虫好きのはしくれだから、観察対象とみれば害虫の狼藉はまあ許せる。どうしようもないのが雑草だ。

だからなんとかしようと、雑草に挑んできた。しかし、あれもダメ、これも失敗となると、草はしおれないのに、雑草への対抗意欲はしおしおと萎えていく。

最終手段を検討する

そうなると、いよいよアレだ、農薬だ。趣味の菜園家・園芸家にとって農薬は最終手段であり、最終兵器ということになる。雑草対策では、農薬の一種の除草剤を使う。

「いやあ、ありがたい。除草剤は手軽に使えるから助かるわ。草とりに時間をかけるなんてアホらしい」

除草剤でちゃちゃっと済ませればいいという、園芸店レジ直行型の除草剤大好き菜園家がいる。野菜づくりはしなくても、家のまわりやガレージ・物置、隣家とのすき間などがビンボー草ぼうぼうだと耐えられないと、ハナから除草剤目的で店に足を運ぶ人もいる。時間が空いたらいつか、さすがに邪魔になったそのときに……と先延ばしにする人も多い中で、除草剤にさっと手を伸ばすような人の方が、世間的にはデキる人なのかもしれない。

カレル・チャペックは『園芸家12カ月』のはじめに、ホースとの格闘を描いた。だれにでも思い当たる場面の描写は秀逸だ。ホースといってもむろん、馬のことではないのだが、何度読んでも奇妙な姿の生き物を思わせる。人間が手なずけるまでホースは、非常に陰険な動物だと彼は書いた。

かがんだり、跳ねあがったり、人間に飛びかかって、足をぐるぐる巻きにする。しかたなく踏みつけると、首や腰にからみつく。いやはやなんとも面倒な相手だと思わせるのに十分すぎる体験がこれでもかと語られる。

除草剤もそれに似ている。「草とり・草刈りの手間を省いてさしあげましょう。おまかせあれ！」といったていで近づく。それはそれで正しく、対雑草戦の頼もしい援軍となる……ようにみえる。

だが、商品に貼られたり箱の中に同梱されたりしている説明書きを読むと、接し方がなかなか難しいことに気づかされる。蛇口の栓をくいっとひねれば、あとは意のまま、水まかせ。バケツに入れてよっこらしょと何度も運ばずとも、水をかけたいところまで簡単に輸送できるはずのホースと格闘するチャペックの姿が目に浮かぶのだ。除草剤と手を組むには、よほどの知恵と力が求められる。

いわゆるトリセツには有効成分やその含有量とともに、どんな雑草に使えるとか使える場所、希釈倍率、単位当たりの散布量、同じ場所に使っていいのは何回まで、生き物やほかの植物から何メートル離して散布するように、さらには雑草がどれくらい成長したときに使うと効果的だ……などなど、事細かな注意が記されている。じつになんとも、ありがたい。使い慣れた農家の人たちと異なり、にわか利用者は除草剤を手にしてもオロオロするだけだろうから、こうして親切に教えて差し上げるのですよといったことがその文字の羅列のすき間から透けて見える。

とはいうものの、それを読み解き、実践するのはけっこうしんどい。素人には、ハードルが高すぎるのだ。ふだんの料理だってたいていは目分量だからと、あらそう、ふむふむと読み流すだけで雑草と対峙する購入者もいそうだが、農薬取締法という法律があるのだから、利用する際にはしっかり守らねばならぬ。

さまざまな雑草に向けた多くの商品がある。さて……あなたはどうする?

あやふやな知識だが、水田害虫であるウンカをやっつけようとした江戸時代の農民の取り組みが農薬の始まりだった。鯨油を田んぼにまき、水面に落ちたウンカを窒息死させようとしたのである。太鼓やたいまつを使って害虫を追い払う神頼みの「虫送り」も盛んな時代だったのに、虫のからだの仕組みもわからぬまま実践し、結果的には理にかなう対策となっていた。それはそれで興味深い。

科学の力を借りた「化学農薬」が本格的に使われるようになったのは、20世紀に入ってからだ。そして1940年代に有機合成除草剤「2，4－D（2，4－ジクロロフェノキシ酢酸）」が開発され、除草剤の利用に弾みがついた。イネ科植物には害がなく、双子葉の広葉雑草だけを枯らすという画期的なもので、80年代も半ばになると今度は「ラウンドアップ」の商品名で知られるグリホサートが登場し、種類に関係なく雑草を枯らした。

除草剤は大丈夫なのか？

お金をかけるからには、効いてくれないと困る。だが、効き目よりも重視されるのは、人体はもちろん、環境や生態系に影響のないことだ。名前は同じ「除草剤」でも、宅地や道路などの非農耕地で使う除草剤と農耕地用は、農薬取締法ではっきり区別している。

手軽で便利、しかも効果はバツグン。そんなイメージの除草剤を使いたくても、ちょっと待てよと足踏みする人もいる。わかりやすいのは、魚や虫の飼育を楽しむ人たちだ。除草剤を含む農薬は、彼らの目にはなんともオソロシイものに映る。

膨大な予算と年月をかけ、生物に対する影響も調べたうえで世に出る農薬なのだから安全だというお墨付きを、国が与えた。しかし、実験対象になったのはごく限られた生物だ。オレの飼うかわいいゴキちゃん、やっとこさ捕まえたクサヒバリの美声を害することはないといえるのか? かつての蚊取り線香ですら警戒してきた飼い主ならではの不安が先に立つ。

どんなものにも落とし穴はある。よく効くからと、長期間にわたって同じ除草剤を使い続けるのは良くない。そのうち抵抗性を持つ雑草が出現し、いくら浴びせても平気で育つようになる。殺虫剤も同様だ。その殺虫剤を使う前よりも害虫が増えるといったリサージェンス現象が起きて問題になっている。

現代農家にとって頭が痛いのは、スルホニルウレア系除草剤(SU剤)に抵抗性を持つ雑草の出現だ。1995年に北海道で、SU剤抵抗性のあるミズアオイが確認された。いまでは全国的に見られるそうだ。

その除草剤を使う農家は、高く評価していた。

「SU剤はよう効くで。これさえあれば、田んぼの雑草なんて、ちょろいもんや」

その信頼が揺らぐ。SU剤抵抗性をひとたび獲得した雑草は、世代交代をしてもその力を受け継ぐからだ。そうなると特定の雑草が田んぼにはびこるようになり、農家にとってはその防除が余計な手間になる。

散布後に残る雑草を見ても、SU剤抵抗性を持つ雑草かどうかは、判然としない。別の事情で田んぼに残った可能性も否定できないからだ。もしも該当するものが見つかったら、除草剤を変え、ローテーションで使うような対応をしないとマズい。

そうした問題がそのまま、趣味の園芸家、菜園家の身に降りかかることはないだろう。学ぶことがあるとしたら、いくら頼りになる除草剤でもずっと使い続けるのはよくないということだ。

「安全性が確かめられた除草剤なんだろ？　だったら、四の五の言わずに使えばいいじゃん」

もっともだ。使うとヤバいものであれば、素人向けに販売するはずがない。それを無視して売っていたら、それはもはや犯罪だ。

「家庭菜園なんだから、オレはぜーったいに農薬は使わん！」

いっさいの農薬を信用しない家庭菜園家もいる。趣味の延長なのだから、どれだけ苦労しても完全無農薬を貫き通すという強い意志の持ち主だ。

ところがいざ害虫の猛攻撃を受けると、「まあ、ちょっとぐらいならよかんべ」と害虫対策で農薬に手を出す人はいる。それを責める資格は、だれにもない。手にした野菜を食べるのは、その家族だけだ。

流通する農産物の多くに農薬が使われているし、収穫後の「ポストハーベスト農薬」だって存在する。基本的に残留性の心配はないが、農薬を使っていない農地の近くで散布したり、都会の住宅街で住民に不安を与えるほどブワーッとふりまいたりした場合のトラブルとなると話は別だ。

「あのさあ、除草剤なんだけど……」

農薬メーカーの販売指導員をする友人に尋ねた。

正しく使わないと、効果はない。安全面での不安も高まる。どんなことに注意して使うべきなのか。

「そんなん、はっきりしとるわ。注意事項をしっかり守ることや」

いかにも、ごもっとも。

というか、当たり前ではないか。

ホームセンターや園芸店に置いてある一般的な除草剤なら、購入者の身分証明は要らない。だが、自分勝手な判断で使うと健康を害することがあるし、環境への影響も心配だ。不安の種を自分からまき散らすのはやめるべきだろう。

「ああ、それからな」

「なんやねん」

「素手でのうて、ゴム手袋をはめたり、自分の体が守れるような服装にすることも大事やで。使用後には手をしっかり洗って、うがいもしときや」

細かい注意に感謝しよう。

農薬の一種である除草剤のことを考えると、どうしても理屈っぽくなる。しかし目の前の雑草の生育は待ったなしで、勢いが衰える様子もない。千手観音のようにたくさんの手があれば、あれもこれもと思いつく手段が試せる。そこまでの手はなくても、とりあえずの雑草対策は、試したり、検討したりしてきた。

そうなるとさて、次の一手は？

除草剤もれっきとした雑草への対抗策だ。しかも、人類が長い年月をかけて得た科学の産物であることはまちがいない。試す価値があると思えば、使えばいい。でもまあ、振り出しに戻って、ブツブツ言いながら、親からもらった手で雑草に立ち向かうのも悪くはない。

除草剤に頼るか、自らの手と相談するか——。
決めるのは、雑草王国の大地主である本人次第なのだろう。

戦略13
除草剤だ!

大変度——★★
現実度——★★★
[ひとことコメント]
使うか使わないかはあなた次第

雑草図鑑――⑬

オヒシバ

イネ科の一年草で、34ページのメヒシバに似ているが、高さが50センチ以上となり、大きくしっかりとしている。一部には除草剤に抵抗性があるものが報告されている。

おわりに――なんともスゴいな雑草は

除草剤に頼るか、自らの手と相談するか――。

雑草をやっつけるためにあれこれ考え、手を尽くし、失敗し、あきらめ、ほとほとくたびれた。

「くたびれた」を漢字で書くと、「草臥れた」。なぜ草という文字をあてるのか理由は謎らしいが、疲れ果てて草の上に伏す様子を表現したものだという説がある。雑草を相手に奮闘してきた身としては、草にぶっ倒されたという気持ちが強い。

それにしても雑草は手ごわい。絶滅させようなんて、とんでもない話だ。雑草と戦うには雑草のことをよく知らないといけないのだが、知れば知るほどスゴい相手だと気づかされる。

「雑草」などときわめて雑に扱ってきたが、その中には薬草があれば山菜もある。山野草の愛好家は多いし、人間なんぞ虫けら以下ではないかとばかりに猛毒・悪臭で攻撃をしかけてくる草だってある。草原がないと、ライオンもサマにならぬ。

雑草を亡きものにしようと画策しても、対処のしかたを誤るとかえって勢いを増す。草刈り機やロボット、生き物の力を借りようとしてもそれぞれに泣きどころがあり、下手をすると身の危険につながる。

草生栽培と称して、園地に草をわざわざ生やす農家がある。ナズナやハコベがないと、七草がゆはつくれない。ヨモギがないと草もち・草団子は食べられないし、繁殖力が弱い草ではあぜや斜面の土留めはできない。見方を変えれば、感謝状を贈ってもいいほど役に立つ奥深い側面のあるのが雑草だ。

地吹雪・雪下ろしツアーなどを楽しむ観光客もいる。その土地に暮らす人々にとっては厄介ものだが、それを逆手にとって都会から人を呼び込み、自分たちの手に負えないことを楽しいレジャーのひとつに組み込んだ。

同じようなことが雑草のまわりでも起きている。泊まり客に畑から野菜を取ってきてもらって調理を手伝わせる宿はまだ理解できるが、稲作体験ツアーの一環として田んぼ周辺の草刈りをしてもらう農家民宿まである時代だ。高齢化が進んだ地域住民は感謝し、訪れる側は貴重な思い出・土産話として持ち帰る。そんな夢のようなビジネスまで成り立つのだから、困りもの・邪魔ものである雑草をもっと理解し、共に生きる道を探ることが大切なのかもしれない。

基本的には家庭菜園家の立場から、近辺にはびこる雑草を敵視してきた。だが、もしかしたら、草とり・草刈りは楽しいことなのかもしれない。希代の植物学者・牧野富太郎は「雑草という名の草はない」と言ったと伝えられるが、目に入る草をなんでもかんでも「雑草」と呼ぶうちは、草ぐさの足元にも及ばないような気がしてきた。名前を知り、個性を学ぶことから、その草との付き合いが始まる。本来はあくまでも、個別にお付き合いすべき相手なのである。

考えてみればその通りだ。雑草だ、うっとうしい、邪魔くさいと言いながら、エノコログサには「猫じゃらし」という親しみを込めたあだ名を与え、役に立たないから「イヌ」を頭にかぶせたイヌタデの実は「赤まんま」となって子どもたちのままごと遊びに使われた。そうした親しみ深い呼び名を知るだけでも、雑草はほんとうに嫌われものだったのかと疑いたくもなる。雑草がこの世から消えたら、われわれの日常はなんとも味気ないものになりそうだ。

雑草が身のまわりにいくらでもあることに感謝はしても、うらむべき存在ではないのかもしれない。雑草を絶滅させるためにいくつかの策を企てたが、結局は何も変わっていない。ということは雑草たちの完全勝利なのだろう。これからは雑草の立場、その生き方を理解するように努める時代なのかもしれない。

種の多様性も叫ばれる。雑草を滅ぼすのではなく、作物や園芸植物の価値を落とさない程度に抑えればいいのではないかという考え方も広まりつつある。病害虫とセットにしたＩＰＭ（総合的病害虫・雑草管理）という用語にふれる機会が農業界で増えたのも、その表れだろう。雑草を取り除いた畑と適度に雑草が茂る畑の作物を調べた結果、雑草もある畑の収穫量の方が多かったという研究結果も報告されている。21世紀はもはや、雑草を悪者扱いする時代ではないのだ。

なーんて思う瞬間もあるのだが、わが庭を見れば、そうだろうとばかりにふんぞり返る雑草があっちにもこっちにもあって、共生への道のりは険しいような気がする。

さて、どんな選択をすればいいのか。

草刈り鎌の刃でも研ぎながら、じっくり考えることにしますかね。

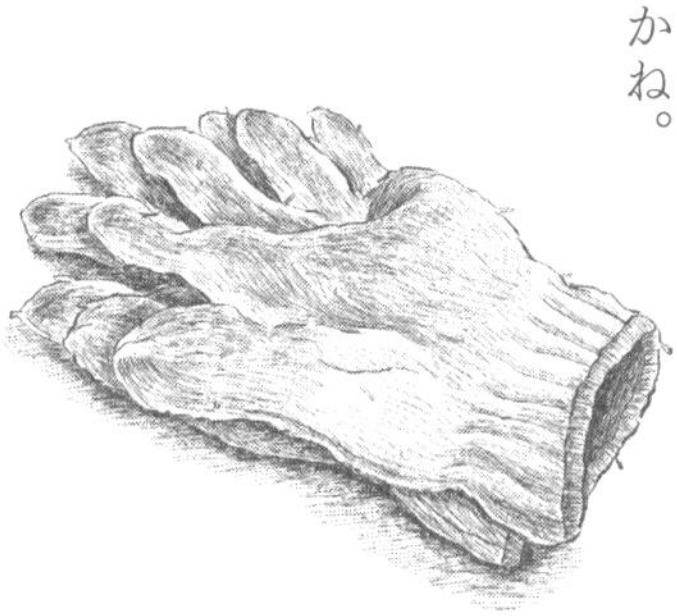

谷本雄治（たにもと・ゆうじ）

プチ生物研究家・作家。農業専門紙の記者として、四十数年にわたり、全国各地を歩く。その一方で身近な生き物の飼育・観察や趣味の家庭菜園に取り組み、各種媒体に情報を発信している。食・農・環境を柱にした児童書の執筆が多い。主な著書に『週末ナチュラリストのすすめ』（岩波書店）、『農をささえる生きもの図鑑』（小峰書店）、『嫌われ虫の真実』（太郎次郎社エディタス）、『牧野富太郎物語』（出版ワークス）、『ケンさん、イチゴの虫をこらしめる』（フレーベル館）、『ペットボトルで育てよう　野菜・花』（汐文社）などがある。

イラスト＝わたなべみきこ

デザイン＝美柑和俊（MIKAN-DESIGN）
DTP＝千秋社
校正＝與那嶺桂子
編集＝神谷有二

雑草を攻略するための13の方法
悩み多きプチ菜園家の日々

2025年3月10日　初版第1刷発行

著者　谷本雄治
発行人　川崎深雪
発行所　株式会社 山と溪谷社
〒101-0051　東京都千代田区神田神保町1丁目105番地
https://www.yamakei.co.jp/
印刷・製本　株式会社暁印刷

◉乱丁・落丁、及び内容に関するお問合せ先
山と溪谷社自動応答サービス　TEL.03-6744-1900
受付時間／11:00-16:00（土日、祝日除く）
メールもご利用ください。
【乱丁・落丁】service@yamakei.co.jp　【内容】info@yamakei.co.jp
◉書店・取次様からのご注文先
山と溪谷社受注センター　TEL.048-458-3455　FAX.048-421-0513
◉書店・取次様からのご注文以外のお問合せ先
eigyo@yamakei.co.jp

ISBN978-4-635-58059-5